狗狗家庭医学百科

野泽延行 / 著　　金锦珠 / 译

江苏凤凰科学技术出版社 · 南京

江苏省版权局著作权合同登记 图字：10-2024-346号

图书在版编目（CIP）数据

狗狗家庭医学百科 / (日) 野泽延行著；金锦珠译 . 南京：江苏凤凰科学技术出版社，2025. 5. -- ISBN 978-7-5713-5177-9

Ⅰ. S858.292

中国国家版本馆 CIP 数据核字第 20253YB641 号

狗狗家庭医学百科

著者	[日] 野泽延行
译者	金锦珠
责任编辑	严　琪
营销编辑	滕如淦
责任校对	仲　敏
责任设计	徐　慧
责任监制	刘文洋
出版发行	江苏凤凰科学技术出版社
出版社地址	南京市湖南路 1 号 A 楼，邮编：210009
出版社网址	http://www. pspress. cn
制版	南京新洲印刷有限公司
印刷	南京新洲印刷有限公司
开本	890 mm × 1 240 mm　1/32
印张	5.5
字数	150 000
版次	2025 年 5 月第 1 版
印次	2025 年 5 月第 1 次印刷
标准书号	ISBN 978-7-5713-5177-9
定价	58.00 元

早安！
出门散步的时间
还没到吗？
LIVING
WITH
YOU
与你朝夕相处，
与你共度一生。

好喜欢像这样，
坐在草地上
欣赏风景。

我还不想回家啦!

来嘛，看这里嘛。

可以一直这样宠着我吗？

LIVING
WITH
YOU

一如往常，
怡然自得的一天。

LIVING
WITH
YOU

前言

Introduction

人类跟狗狗从一万多年前就已开始共同居住，构建了特别的信任关系。最初狗狗是被养来当作劳动力使用，时至今日，则发展成了跟人类彼此关爱的家庭成员。狗狗变得愈发长寿，近年来平均寿命已经超过 15 岁。

科学研究证实，人类跟狗狗共同生活具有抚慰的效果。而狗狗在和人相互凝视时，会分泌幸福激素“催产素”，说明狗狗也具备感情，拥有心灵世界。

狗狗如此惹人怜爱，“希望它们常保健康、长命百岁”是所有宠物主人的心声。为此，宠物主人应该注意哪些事项呢？为了狗狗的健康，我们能够做些什么呢？我写这本书，就是为了通俗易懂地回答这些问题。

只要从平时就关注狗狗的健康，当狗狗进入漫长的高龄期，就能够精神饱满地延长“健康寿命”，进而实现“幸福长寿”的生活。不过，要想天天都为狗狗把关健康状况，诸如解读狗狗的心声、判断狗狗有没有压力、是否觉得不自由、生活习惯有没有问题等，绝非易事。因此，我整理总结了能够让狗狗维持身心健康、延长寿命的 14 条准则。

在“狗狗的惬意生活”篇中，我列出了 7 条准则，只

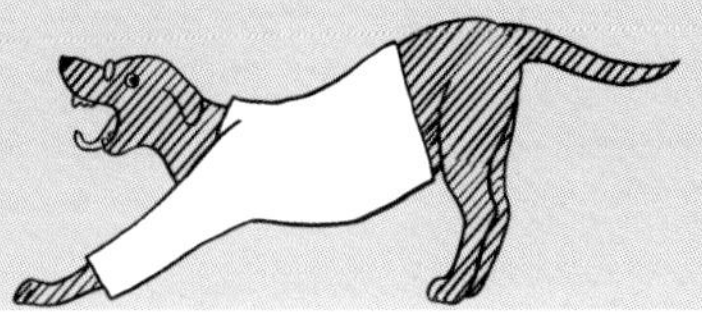

要遵守这 7 条准则，就能延长狗狗的健康寿命。

接着，在“狗狗健康不可少”篇中，我同样总结出了有助于预防疾病、早期发现异常变化的 7 条准则。

将这 14 条准则记在心里（可以的话，不妨打印出来贴在墙上），在日常生活中用心关照爱犬，相信狗狗必定会生活得更舒适、更健康。

本书和以往的医学书籍有所不同，是一本从狗狗的角度思考的、非常平易近人的健康百科书籍。书中分为“生活篇”和“健康篇”，还能够欣赏日本的热门猫狗应用程序“Dokonoko”中宠物主人所投稿的狗狗照片。期待本书能为您的爱犬的健康与幸福助一臂之力。

野泽延行

目录

Contents

I 生活篇 狗狗的惬意生活

Ⅱ 健康篇　狗狗健康不可少

狗狗导读员介绍

这不是一本单纯的医学书籍。
而是站在狗狗的立场，轻松探讨与“狗狗的健康、幸福长寿”有关的书。
书中有不少狗狗登场，而下面这 3 只狗狗导读员，
则是代表所有狗狗，为各位解答与狗狗健康相关的疑问，分享心得并提出相关建议。

狗狗们

不喜欢剪毛的西施犬（6 岁，图中）和曾经是收容犬的日本米克斯犬（推测 2 岁，图右），跟着宠物主人一起过着三口之家的生活。附近住着好朋友杰克罗素梗犬（图左），另外还有许多伙伴。

狗狗医生

6 岁的公狗。生于东京谷中的黑色拉布拉多犬。兴趣是随着 17 点的钟声高歌长嚎，还有搞笑机智问答。

狗狗导读员的伙伴

提供狗狗照片的宠物主人

ゆうとえみ／テラらん／nico ／ Sayuki ／おーこ／あさきち／ hamachitt ／ misan ／レオ・ローズ／ねーさん②／くま太／きゃと／こゆぽん／大瀧さんち／きよえ／ Yasue_da ／ kaori🐾／ Yu ／ちびっこ／柴chans ／光明寺紀子／るくマミィ／玲子／まどさん／ペロタンズ。／ yoshi_textile ／しっぽ子／ emiffy ／うきちく／たま／ ashyco ／おたかさん／阿部敏明／チハル／はちまる／ moco&pino ／ Miyuki:) ／ tomox ／ぶん／タナカ／さとのり／コバ／ちびず／こゆきとゆきママ／boosan ／ ishi ／あかさん／✨凪✨／ Mariri ／ jack & zach ／ Satoshi Yoshida ／ YOKO TOHO ／ nishimura ／ペコちゃん／ sato ／ Miki ／ナツ／ s_k ／みきちぃ／tea-tree（A.I 琥珀の母）／紫愛／ MK ／ Sun ／☆Maki☆／てつ&くら／ sao ／ Yuka Hagiwara ／ chocolat ／paritora ／ moko ／まゆ／るーたん／鼻ママ／ KIRISUKE ／じゅべもん／ hanabiota ／ピコラママ／ anna ／ジョーたん／ＰＯＫＡ／ラブ君💖／なぎママ／りにゃいろ／mikako ／あっちゃん／ Maru ／ yoko ／あらいのりこ／Shigekazu Yokoyama ／ショパンママ／ masayo ／カワ♪／ yukarinzu ／マキ MAKI ／ yuki ／マユ／こてまむ／Nana Tanaka ／ momota1228 ／ inoyuri ／きよみ／日々／うめ／みのり／れいこ／ Non ／まろママ／エル／かおり／ kataiku ／ぴのかか／ゆう／みどり／つばき／ちゃんえん／ mariko ／ yumi. ／まさみ"

其他登场的狗狗

蓓丽艾（P2~3）/ 大福（P4，P50~51）/ 安妮和贝利（P4，P82~83）/ 莫克佐（P5）/ 巴尔托和布鲁太（P6）/ 柯哈鲁（P6）/ 和音（P7，P20~21）/ 七海（P7，P138~139）/ 凯克（P8，P124~125）/ 塔玛（P9，P64~65）/ 哈咕（P38~39）/ 福哥（P98~99）/ 比特（P112~113）/ 梅子（P154~155）/ 斯帕奇（P162~163）

生活篇

生活篇

狗狗的惬意生活

让狗狗健康长寿的 7 条准则

每天都在太阳下朝气蓬勃地散步，
充分摄入美味的餐食，待在放松的场所安心入眠。
如果还能跟心爱的主人交流，
狗狗就会感到非常幸福。

心情平和很重要

为了身心的健康，排除压力、不安、恐惧，维持心情平和非常重要。

P38

做运动锻炼体力与肌肉

狗狗很爱运动。散步、玩耍不仅可以增强体力，也能让狗狗心灵成长。

P50

通过睡眠让身体得到休息

睡眠是解除一天的疲劳，让脑内焕然一新的重要方式。动物不会熟睡，因此安稳的睡眠环境至关重要。

P66

体验畅快感过没压力的生活

进食是狗狗体验到的最大的乐趣之一。优质的餐食可以打造出强健的体魄。食欲得到了满足，心灵也会感到愉悦。

P20

打造狗窝

尺寸刚好的睡床，就像狗狗往昔居住的巢穴那般，会让狗狗感到放心。就算狗狗可以在家中自由活动，也须打造狗狗的窝。

P68

维持舒适的触感

美丽的毛发和皮肤代表狗狗很健康。适度替狗狗梳毛和洗澡，就能维持身体的美丽，保持健康。

P98

维持生活品质（QOL），创造生活价值

QOL 即 Quality of Life，也就是生活品质。让狗狗拥有“五大自由”是最基本的条件。

P42

生活篇

第一章

饮食照护

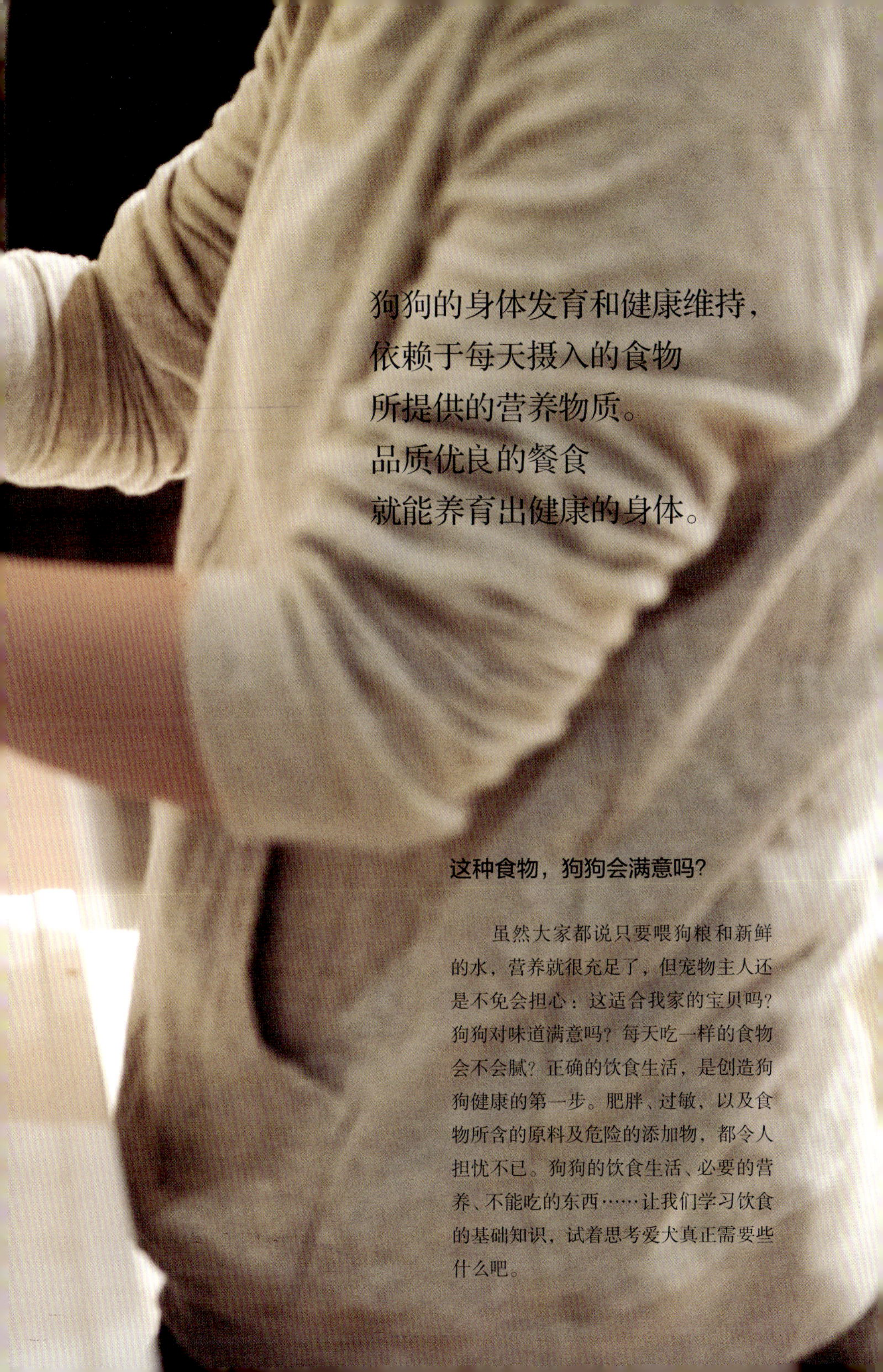

狗狗的身体发育和健康维持，
依赖于每天摄入的食物
所提供的营养物质。
品质优良的餐食
就能养育出健康的身体。

这种食物，狗狗会满意吗？

虽然大家都说只要喂狗粮和新鲜的水，营养就很充足了，但宠物主人还是不免会担心：这适合我家的宝贝吗？狗狗对味道满意吗？每天吃一样的食物会不会腻？正确的饮食生活，是创造狗狗健康的第一步。肥胖、过敏，以及食物所含的原料及危险的添加物，都令人担忧不已。狗狗的饮食生活、必要的营养、不能吃的东西……让我们学习饮食的基础知识，试着思考爱犬真正需要些什么吧。

了解狗狗的饮食生活

狗是偏杂食性的肉食动物

狗是隶属哺乳类食肉目分类下的动物，同时兼具需要碳水化合物、蔬菜甚至水果的杂食属性。适合撕裂肉类的 42 颗尖锐牙齿，彰显了其肉食属性，以肉食动物而言略长的肠道，则显示着少许的杂食属性。由此可知，狗狗是偏杂食性的肉食动物。

狗狗的嗅觉高达人类的百万倍，用来感知味道的味蕾却仅有人类的 1/5，非常少。据说其味觉感应度比人类差，仅能感受到甜味、酸味、苦味、咸味。相较于味觉，不如说狗狗是靠着优异的嗅觉来判断“吃与不吃”。另外，狗狗也有能力感知人类所尝不出来的水的味道（酸碱性）。

狗狗不管有多少食物都全部吃掉，而且其进食速度非常快，不怎么咀嚼就会吞下。一般原因是在狗狗成群狩猎的野生时代，打猎的成功率不高，就算成功捕获猎物也有可能被伙伴抢先吃掉，因此才会发展出这种进食方式。

吃东西是动物的本能，但宠物主人必须予以控制。不能让狗狗饿肚子，然而吃得太多又会引发肥胖。肥胖是多种疾病的成因，所以必须按年龄、体重、运动量等，每天提供适量的餐食（P29）。

狗狗不挑食，什么都吃，
但也必须了解它们天生的食性，才能给予正确的饮食。

狗狗饮食的六大要点

— 要点 1 —

了解食物的成分

挑选狗粮最好先确认成分标示，选择未使用劣质原料、营养均衡的食物。→ P26

— 要点 2 —

留意添加物

要仔细确认食物中是否掺有危险的添加物，连同要点1，选用值得信赖的食物非常重要。→ P26

— 要点 3 —

适合年龄的饮食

幼犬、成犬、老年犬等，各年龄段的代谢量和应摄入的营养都有差异，因此饮食必须依据年龄进行调整。→ P29

— 要点 4 —

重视用餐时间

用餐时光是狗狗极大的享受。略过不吃或是等候太久，狗狗就会产生压力。避免让狗狗挨饿，也是宠物主人应遵守的动物“五大自由”之一。→ P42

— 要点 5 —

增添进食的喜悦

除了狗粮，若是能偶尔加上少量的肉和蔬菜，或者改成手工餐食，爱犬将会开心不已。选用正确的食材，狗狗的身体状况也会渐渐改善。→ P36

— 要点 6 —

通过信赖的渠道进行购买

目前通过网络就能买到狗粮。虽然便利，却也有保存状态不佳或劣质的食物在市面上流通的现象，所以我们必须多加留意，寻找值得信赖的购买途径。→ P25

认识狗粮

主食是综合营养餐

狗狗的餐食即狗粮。由于容易获得、营养均衡、方便处理，许多人都会选用狗粮来喂养爱犬。不过，狗粮的种类繁多，许多人都不知"该怎么挑选才好"。即使已经想办法尽量进行了筛选，但心中还是会不安，不确定是否真的妥当。

标有"综合营养餐"的食品，非常适合狗狗当作主食每天摄入。在日本，这是经过宠物食品公平交易委员会认证的食物，满足了狗狗必要的营养标准。其中调配了均衡又理想的营养素，只需要与新鲜的水一起喂食，狗狗就能维持健康。"综合营养餐"上肯定会标明适用的成长阶段（幼犬、成长期犬、发育 / 成犬、成年维持期犬、保养 / 怀孕期犬、哺乳期 / 完全成熟阶段犬、老年阶段犬等）。

除"综合营养餐"之外，还有当成辅食来喂食的"一般食"、当成点心来喂食的"零食"（点心、零嘴），以及兽医在狗狗生病等情况下为控制饮食所开出的"处方饲料"。除此之外，还有"营养补充品""保健品"等类型的食品。另外，也有某些食品会标示"请与零食型、综合营养餐搭配喂食"等喂食须知。

干饲料、狗罐头，还是别的？

狗粮的类型多样化，各有利弊，但无论如何，主食都要选"综合营养餐"。干饲料大多数属于"综合营养餐"，其他则是由"综合营养餐"和"一般食品"混合而成，我们一定要确认成分标示。

- **干燥型：**水分含量 10% 以下的食品。有硬度的颗粒会摩擦牙齿，所以相较于湿型狗粮，比较不容易长牙结石。狗狗食用后耐饿，价格亲民，开封之后也可以长时间保存。有较多添加物，多半都是颗粒状，不过如今也有片状、冷冻干燥生食型。
- **半湿型：**介于干湿之间的食品，在日本有分含水量 10%~30% 的软干型，以及含水量 20%~35% 的半湿型。适用于食量少、偏食或是高龄的狗狗。
- **湿型：**含水量 75% 以上的食品。香气和口感都很好，咬起来有嚼劲。但由于水分较多，因此狗狗食用后容易饿，价格也偏高，开封后无法保存太久。有罐头、袋装、条装、薄膜包装等类型。

每天的饮食，对于狗狗身体健康举足轻重，用餐时间更称得上是狗狗每天最期待的时光。

正确存放，防止劣化

购买狗粮时，务必要确认保质期。干燥食品开封后，只要密封好存放于阴凉处，大约1个月内都可食用，但食物风味会渐渐流失。倘若接触空气或日照，脂质氧化转变为脂质过氧化物，将对健康造成不良影响。食物从开封的瞬间就会开始劣化，若是以原袋保存，则要尽可能去除空气，或移入密封容器中(最好是真空容器)，避免高温潮湿的环境。分装成1周的量后密封冷冻，也是一种保存方法。此外，若店家管理方式不当，亦可能导致食品劣化，因此选择值得信赖的卖家非常重要。

湿型狗粮无法长期保存，在开封当天就要食用完，如果吃不完，则要按包装上所写的方式存放于冰箱内。

进一步了解狗粮

何为好的狗粮?

包装上的成分标示，是辨别优质食物的第一渠道，尤其要确认“原料”。以肉为例，就要选择具体标明肉品种类的商品，诸如牛肉、火鸡肉、去骨生鸡肉等。若是只有“肉类”“家禽类”之类的模糊描述，就可能是称为“屠宰副产物”或“4D肉”[即Disease（疾病）、Dying（垂死）、Dead（已死）、Disable（残疾）等4种类型的动物肉品]的肉类副产物（骨头、皮、内脏、碎肉等可与废弃物画上等号的部分）。另外，考虑到狗狗天生的食性，相较于谷物，更适合选择原料中大量使用鱼、肉类的产品。一般情况下，原料会从用量最多者依次列出。也有些廉价狗粮会添加谷物来充数。

小贴士

《中华人民共和国食品安全法》未直接对宠物食品进行规定，但宠物食品的生产和销售仍应遵守国家食品安全标准，确保宠物食品的安全。

应留意的添加物

遗憾的是，狗粮在日本并不属于“食品”，而被分类为“饲料”，不受人类食品相关法令的约束。日本的人类食品虽由《食品卫生法》限制了432种添加物，但在日本《宠物食品安全法》之中，却仅仅限制了4种，狗粮是否安全，必须由宠物主人自行判断。

问题尤其严重的2种添加物，是“抗氧化剂”与“人工合成色素”。抗氧化剂“乙氧基喹啉”（Ethoxyquin）是禁止用于人体的添加物。业界已确认二丁基羟基甲苯（BHT）、丁基羟基茴香醚（BHA）具有致癌性。人工合成色素包括苋菜红、赤藓红、诱惑红、荧光桃红均会致癌，非常危险；亮蓝、日落黄会引发过敏。购买时须确认是否含有上述物质，要尽量选择添加物较少的产品。

寻求安全又健康的食品

如今，比起在超市等处可轻松获得的一般宠物食品，更安全、品质更好的高端宠物食品愈加受到青睐。这些产品有很多是进口的，会以右边所列出的特点及关键词来吸引顾客。但是，此处所列举的特点及关键词没有既定的标准，其品质、安全性和效果未必能够得到保障。当然，并不是说“所有添加物都对狗狗不好”“狗狗不应该吃谷物”。

越来越多的人会亲自做饭给爱犬吃。
能得知用料，让人很放心。

高端宠物食品的特点与关键词

Human Grade（人类食用等级）

这类等级的饲料使用人类食用标准的食材，符合相关法规的安全标准。

Organic Food（有机食品）

这类饲料的原料是用有机饲料喂养的家畜、家禽肉，或者有机栽种的蔬菜，不含有激素剂及化学物质。符合有机认证团体的高品质标准。

Natural Food（纯天然食品）

这类饲料的原料只使用天然食材，完全不含抗氧化剂等添加物。

Grain Free（无谷物食品）

这类饲料不使用谷物。有看法认为，近乎肉食的狗狗不需要谷物。另外，这也是为了避免肥胖、过敏的一种健康食品。

Gluten Free（无麸质食品）

这类饲料不含“麸质”，这是小麦类等含有的一种蛋白质。

药膳狗粮

这类饲料基于中医的知识调配，旨在借由食材效用促进自然治愈能力。

抗过敏原料

使用鹿肉、马肉、水牛肉、草饲牛肉（不吃谷物类的牛）等肉类，或使用鲑鱼等原料来防止兽肉过敏的饲料，如今也在市面流通了。

高端宠物食品概况

项目	食材	动物性蛋白质	谷物	添加物
人类食用等级	人类食材标准	○	△	△
有机食品	无农药、有机	○	○	—
纯天然食品	无农药、有机	○	○	—
无谷物食品	一般	○	—	△

注：这是主打高级、健康取向的高端宠物食品概况，称呼等据厂商不同而各有不同。挑选进口产品时，也要仔细确认原料和成分。○表示使用（包含）；△表示有时使用（包含），有时不使用（不包含）；—表示不使用（不含有）。

生命在于进食

爱吃才能长寿

饮食品质的提升，是狗狗变得长寿的重要因素。随着犬类营养相关研究的发展，狗狗渐渐能依照不同的生命阶段及体重，适当摄入营养均衡的狗粮了。而狗狗的生命之源也在于食物。有食欲就代表精神饱满。若从平时就养成好好吃饭的习惯，即使进入高龄阶段，这个习惯也能继续保持下去，认真吃饭，摄入必要的热量，狗狗就能活得长长久久。

狗狗必需的营养素

狗狗必需的三大营养素跟人类几乎相同，但是蛋白质的需求量比人类还要大。其比例为碳水化合物 57%、蛋白质 25%、脂肪 18%。这个比例会根据年龄和运动状况有所变动。也有人加上维生素、矿物质，合称为五大营养素。

- **碳水化合物：**此营养素为狗狗的能量来源。这类食物由糖类和植物纤维构成，需要采取易消化的喂食方式。过量摄入将会导致肥胖。米、小麦、豆类、水果等皆含碳水化合物。
- **蛋白质：**这是狗狗最需要的营养素。在培养免疫力和肌肉力量方面不可或缺。动物性蛋白质包括牛肉、鸡肉、猪肉、鱼等，植物性蛋白质如大豆、小麦等。有些蔬菜水果中也含有蛋白质。
- **脂肪：**该营养素亦是能量来源，可维持毛发、皮肤的健康，增进狗狗对食物的喜好。分为动物性和植物性，鱼类、肉类、豆类等皆含有脂肪。

所需三大营养素的比例

（狗）

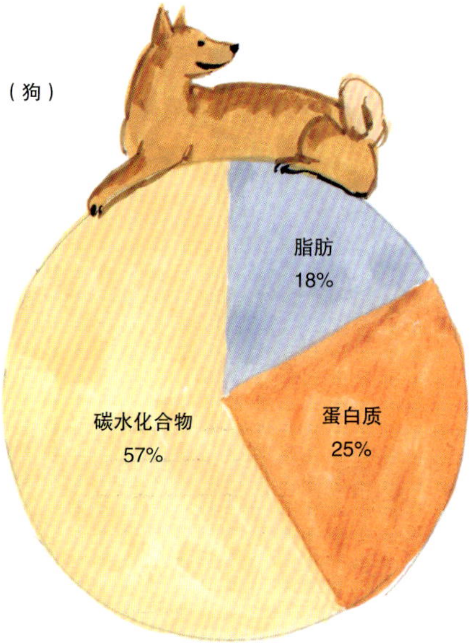

一天的饮食量

狗狗一天的必要饮食量，可以从该只狗狗一天所消耗的热量换算出来。不过在狗粮的成分标示上，会标明各种体重的建议喂食量，所以比较简单的方法是一开始先参考建议喂食量，之后再按照体重变化来进行增减。

当给狗粮加料或喂零食的时候，要尽可能减少相应的狗粮分量。另外，运动量较大的狗狗会消耗较多能量，所以狗粮要适当增加一点。若狗狗食量较小，则要适量给予高热量的食品。总之，必须视情况进行调整。

狗狗就跟人一样，过胖会引发许多的疾病。为了确认喂食量是否适当，最好每天确认一次狗狗的体重。

各年龄段的饮食

各成长阶段的所需营养素会有所变化，提供适合该生命阶段的饮食非常重要。

- **1 岁**：此阶段必须摄入成长所需的能量和营养素。尤其在几个月大的时候，是狗狗飞速成长的时期，必须摄入具有营养价值的食物。此时狗狗的身体还很小，每次仅能吃下很少的量，因此要增加喂食次数。
- **成犬期**：此时为了维持健康，要注意营养均衡。长到成犬之后，就要改成每天喂食 2 次。需留意肥胖问题。
- **高龄期**：此时基础代谢量逐渐变少，因此要一边留意体重，一边调整所摄入的能量。如果已经不太能吃干燥型狗粮，可用热水或汤汁泡软，或者换成湿型狗粮。

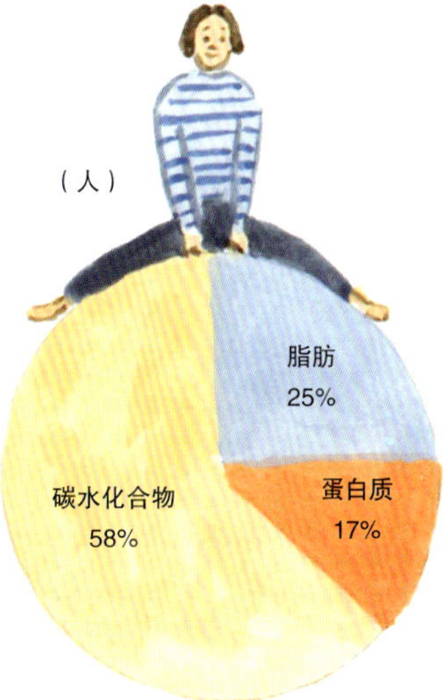

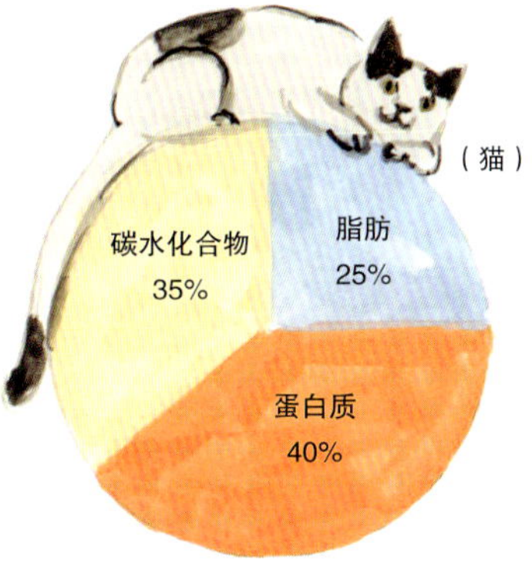

狗和人都是杂食性的，但是狗偏肉食性，因此对碳水化合物的需求不及人类，对蛋白质的需求则比较高。猫是肉食性的，所需碳水化合物相较于狗狗又更少，所以需要更多蛋白质。

出处：《小动物的临床营养学》第五版

可以吃零食吗？

狗狗最喜欢吃零食了！

饼干、小馒头、肉干、磨牙骨、磨牙棒、芝士、薯片等，狗狗零食的种类丰富多样，现在市面上也有无添加物、零热量的商品。狗狗最爱吃零食了。

零食，常常被用作训练时的奖励，另外也具有营养补充、口腔保健等功效。但切记，不能狗狗想吃就给它，须按具体需求合理选择，并严格控制喂食量。

零食可以喂多少？

零食的喂食量似乎总是困扰着宠物主人，其实只要确保零食与主食的总热量不超过每天应遵守的热量，就没问题了。一般来说，零食以占每天主食的10%~20%为宜。如果包装上有明确的喂食指导，那就得严格遵守。

记住，零食只不过是正餐之间的小零嘴。只吃零食果腹，不论对人类或狗狗来说都不健康。如果总是只吃容易上瘾的零食，不仅会影响对正常食物的兴趣，更可能导致营养失衡的严重后果。

所以，除非有特殊情况需要借助零食来安抚或奖励，否则完全可以不喂。当然，选择零食和选择主食一样重要，一定要关注原料是否优质、是否含有潜在危险的添加剂。

训练零食的挑选方式

训练零食，就是训练时给予狗狗的奖励。通常都会选用狗狗容易爱上的零食，但是给予太多会有热量过多之虑，尤其是在幼犬期进行大量训练的时候。

建议将每天都在吃的主食当成训练零食。从一天的喂食量中拨出奖励用的分量，就能防止热量过多。干燥型狗粮便于随身携带，可作为散步期间的奖励来喂食。当狗狗经过训练学会各种事情之后，改以狗狗会感到开心的互动（表扬、抚摸等）来当作奖励，会比喂食训练零食更为恰当。

内藏零食的玩具

如果正常进食，零食并非必要。
但为了交流，或让狗狗更喜欢吃东西，适量喂食也不算坏事。

需要喂保健品吗?

只要能适当摄入综合营养餐，即使不喂保健品也无妨。但如果在健康方面出现状况，就可以当成健康补给品来使用，借以改善如脚部和腰部的动作、皮肤和毛发的光泽、排泄状况等。

到了高龄期，如果感觉狗狗身体衰弱，可以摄入含有欧米伽-3多不饱和脂肪酸（Omega-3）等具有抗氧化效用的不饱和脂肪酸、饱和脂肪酸、维生素类的保健品来预防老化。此外配合癌症治疗时，可摄入含 β-葡聚糖的保健品；如果想要进一步提升免疫力，亦可增加乳酸菌、比菲德氏菌等有益菌的摄入，提升消化吸收率，疗效会更好。

保健品并非医药品，如果狗狗的身体出现明显的不适，就必须前往医院就诊。保健品的利用思路基本上与我们人类相同。

照片沙龙

提升进食的快乐感

我选这个面包。

夏天就是要吃小黄瓜！

这是我每天早上的乐趣。

这滑溜溜的是啥？

今天吃什么呢？

差不多该吃饭咯！

想跟主人吃一样的食物

会引发中毒的食物

在我们日常可见的食物当中，有些食物可能会使狗狗中毒。有时甚至可能会导致死亡，因此必须十分小心。

● **葱蒜类（洋葱、大葱、韭菜、大蒜等）：** 这些食物中所含的烯丙基丙基二硫醚（Allyl propyl disulphide）会破坏红细胞，引发贫血症状。例如体重 10 kg 的狗狗，只要吃约 3/4 颗洋葱的量，数天之内就会发病。不只是生的葱蒜类，含有葱蒜的菜肴也很危险。

● **巧克力：** 巧克力中所含的可可碱具有毒性，在 1~12 小时以内，就会引发呕吐、痉挛等中毒症状。每千克体重如果摄入黑巧克力 5 g，例如体重 10 kg 的狗狗，只要 1 片黑巧克力就会发病。可可同样不可以喂食。

● **木糖醇：** 摄入后会导致胰岛素过度分泌，引发血糖过低、呕吐、腹泻、意识低迷、全身无力、昏睡等状况。从摄入后 30 分钟至数天之内就会出现中毒症状。每千克体重如果摄入 0.1 g，例如体重 10 kg 的狗狗，仅需 2 小粒口香糖，就有可能发病。除口香糖之外，牙膏、常见饼干的甜味剂中都会大量使用木糖醇，应多加留意。

● **夏威夷果：** 病因物质不明。但在 12 小时以内就会引发呕吐、全身无力、腹痛、高烧等。另外，要注意坚果类会引发肠阻塞。

● **葡萄干：** 病因物质不明。会对肾功能造成损伤，2~3 个小时后至 72 小时以内，即会从腹泻、呕吐转变成脱水、多喝多尿状态。也可能导致急性肾功能衰竭。每千克体重如果摄入 11~30 g，例如体重 10 kg 的狗狗，约 200 粒葡萄干就会发病。葡萄的浓度虽然不及葡萄干，但同样不可以喂食。

材料可能会不小心掉在地上，
在烹饪期间禁止狗狗出入比较保险。

不该给狗狗吃的东西

有些东西并不是对每种狗狗都不好，但只要稍有风险，就不可以冒险喂食。酒类和咖啡更是不能让狗狗喝到。辣椒、胡椒、香料等会对狗狗造成过强的刺激，也应该避免喂食。从前大家就常提的鸡骨，虽然实际上很少发生意外，但还是避免为佳。据说会让消化变差的鱿鱼、章鱼、虾等也是一样。另外，加工食品的添加剂也要留心。

有的狗狗吃了什么都没发生，有的狗狗则是才吃一点儿就演变成危急事态。唯有宠物主人才能帮助狗狗避开风险，应把这件事牢牢记在心上。

让狗狗吃适合狗狗的餐食

不少狗狗都会对人类的餐食感兴趣。闻到香喷喷的食物，看到家人吃得津津有味的样子，皆可能激起狗狗的兴致，相信狗狗应该很想和家人同桌用餐吧。当狗狗吃到无意间掉在地上的菜肴，也会觉得“好好吃!”。

人类食物的盐分很高，如果狗狗过度摄入，那么很可能会对心脏和肾脏造成影响，要特别留意。另外，人类食物中的糖分、油脂成分、热量，以狗狗的饮食标准来说都是过量，如果吃太多就会造成肥胖或生活习惯病。

能否让狗狗吃我们的食物？各个家庭都有各自的做法，并非不可为之。但狗狗无法自行辨别什么对身体好、什么对身体不好，所以宠物主人的职责举足轻重。就算要吃一样的餐食，也必须保持一定的界限，包括使用各自的餐具、在不同地点用餐等。

另外，为了不让狗狗执着于人类的餐食，多跟狗狗对话、嬉戏；按狗狗的体力适当运动也非常重要。

狗狗会在意餐桌上的食物是理所当然的。如果要跟狗狗一起用餐，就请宠物主人避免喂食对狗狗的健康有风险的食物。

也喜欢除狗粮以外的食物

加料时的建议

狗狗最爱吃东西，大多数的狗狗食欲都很旺盛，但也有些狗狗具有“小鸟胃”、吃不多，或者爱挑食、只吃自己喜欢的。有时身体状况不佳也会导致食欲不振。在狗狗偏食或食欲变差时，建议在平时的食物里加点料或淋上汤汁。汤汁可以用柴鱼片、小鱼干、鸡肉等来熬煮。

此时要以干饲料为主食，加点蔬菜和肉或淋上汤汁，再拿给狗狗吃。当然，拿给食欲旺盛的狗狗，它也会吃得很开心。记得要调整干饲料等主食的分量，以免摄入热量过多。

手工餐食也是一个选项

手工餐食的好处多多，既能提供干饲料来补充摄入不足的水分，还能吃到新鲜的维生素、矿物质、氨基酸、有助消化的酵素等营养成分。蔬菜特有的植化素具有抗氧化作用，在延长寿命、预防疾病方面同样效果可期。强烈建议宠物主人在各个季节提供具有高营养价值的当季食物。

为狗狗调制的手工餐食，基本上“不能调味”。加热到大约人体肌肤的温度，就会产生香气，让狗狗更爱吃。须考虑营养比例，混合谷类、鱼或肉、蔬菜。喂给狗狗之后，则要留意排泄物中是否留有未消化的部分。

其实，有不少狗狗都会被主食里的加料或手工餐食中使用的苹果、花椰菜梗卡住喉咙或堵塞肠道。狗狗的牙齿形状并不适合磨碎食物，因为太好吃就吃得太快、囫囵吞下，就会造成上述情形。膳食纤维同样不好消化，因此蔬菜水果都要经过处理，如切成碎末、先煮软等。

水乃生命之源

水对狗狗来说是维持生命的必要之物，只能从外界摄入。光是失去体内20% 的水分，就足以致命。以成犬而言，体重中约有 65% 是水分，其中 2/3 位于细胞内部。因此细胞内液的占比高达体重的 40%~45%，借以执行代谢以及复杂的化学反应。另一方面，细胞外液则占体重的20%~25%，以血液和淋巴液的形态存在，是氧气、二氧化碳、营养素及其代谢产物、抗体、白细胞等的输送媒介。另外，酵素在带动消化、调节体温时也需要水分。如果水分摄入过少，血液会变得浓稠，除引发内脏疾病之外，更会加速老化。宠物主人要记得经常备妥新鲜的水，如果狗狗饮水量太少，就要多费点心，在餐食上淋上温水或汤汁等。

玩耍之后的水最好喝了。能够把握饮水量是最理想的。

比起矿泉水，更推荐自来水（可以的话，最好去除次氯酸钙）。

身体的水分会因尿液、粪便、唾液或从肺蒸发等，无时无刻在流失。为此补充水分非常必要。如果一直都没有喝水，狗狗就会渐渐产生脱水症状。

狗狗需要的饮水量会受气温、运动量、餐食是干是湿及水分含量等的影响，大约是每千克体重30 mL 再乘上 1.2 倍的量。算式如下：（体重 ×30）×1.2= 每天所需水量。以体重 5 kg 为例，就是180 mL；体重 10 kg的话，则为 360 mL。当单日饮水量超过每千克体重 90 mL，就被视为多饮症，会怀疑是否有内分泌疾病等。

为了让爱犬能够惬意地喝水，宠物主人随时都要悉心准备新鲜干净的水，可以的话，最好还要测量狗狗单日的饮水量。

生活篇

第二章 心灵照护

狗狗也有心灵，
能感受到压力。
压力会影响健康，
这点狗狗也是一样的。

今天你的心情如何?

狗狗既有活蹦乱跳更胜以往的日子，也有整天都在睡觉的日子。有时一个劲地眺望着窗外，有时热衷于在家中巡逻。开心、慵懒、忐忑不安，狗狗每天都有不同的心情。这些情绪会表现在行为举止之中。如果狗狗表示不安或不满，就应该尽快想办法帮它消除压力!如果能不错过爱犬传达的信息，理解它想告诉我们的事情，就是最棒的。

让心灵相通

凝视彼此，就会分泌催产素

狗和狼具有共同的祖先，两者之间最大的差异，在于狗狗很擅长与人类沟通，而其中视线交流尤其关键。在狗狗跟人彼此凝视之际，两者的催产素浓度都会上升。催产素别名为“幸福激素”，以怀孕、生产时会大量分泌，它有舒缓压力、感受幸福、建立信任关系等的功效。

当狗狗感到困扰或者有需求的时候，同样会看向人类。其中有一些狗狗只是待在人类身边，催产素浓度就会上升，其程度似乎比被抚摸时还要强烈。

而狼则不同于狗，不会对视线产生反应；跟人类基因相近的大猩猩亦是如此。唯独狗狗，在进化过程中习得了通过视线沟通的能力。曾经有柴犬的实验结果显示，母狗的催产素浓度会比公狗提升更多。

狗狗具有情感吗?

一般认为狗狗是最古老的家畜动物，源于距今五万年前。初期，养狗的用途不明，但狗狗的气质无疑很适合与人类共同生活。在距今一万年前，狗狗开始在共同生活中表现出了它的能力，渐渐得以靠着视线与人类进行沟通与交流。据推测，狗狗独有的包容力也发挥了作用。

狗狗善于解读人类的行为举止。这必须要有一定的感受力才可以办到，足以显示出它们具备着共鸣和体贴的情绪。所以当宠物主人开心时，狗狗也会

狗狗会以举动表达各种各样的心情。

一直被狗狗凝视着，就会产生幸福的心情。
没想到狗狗也有着同样的心情，身为宠物主人没有比这更开心的事了。

开心。这跟人类的母子关系非常类似。

理解狗狗心情，进行健康管理

当我们因工作疲惫而无精打采，或是生病感到不适时，狗狗总会一副担心的模样，陪伴在我们身旁。它们能够敏锐地察觉出人类的心情。而和狗狗一起生活，也有助于我们的身心健康，例如具有降低气喘发作概率，减缓异位性皮炎症状，改善代谢不良、焦虑症等的效果。

如同狗狗为我们所做的一样，我们亦能从狗狗的视线得知它们的感受。在狗狗有困扰、有需求的时候，我们应该陪伴在侧，让它们感到安稳。发现狗狗的身体不适，是宠物主人的重大职责。包括视线在内的各种交流，都是彼此健康管理的一环。

也会有情绪低落的日子

压力会缩短健康寿命

狗狗也有它们的心灵和情感。一般认为狗狗就像是 2.0~2.5 岁的人类，虽然程度不及人类的成人，但仍具备快乐、悲伤、愤怒、恐惧、爱等基本情感。因此，如果发生讨厌的事情，狗狗也会意志消沉，如果压力超越限度，甚至会引发身体不适。想要让爱犬过得健健康康，饮食和住处虽然重要，但"心情"亦是举足轻重。舒适地生活，没有压力，狗狗才能维持健康。

除了下列的"五大自由"被剥夺之外，压力的成因形形色色，但每一项都是宠物主人能够为狗狗进行改善的。

- **心理压力**：欲望无法满足、焦虑、紧张、恐惧、悲伤等。
- **环境压力**：不卫生、噪声、过热、过冷、狭窄等。
- **身体压力**：受伤或疼痛、受苦、过度营养不良、运动不足等。

面临压力时，身体会产生自我防卫机制，称为"一般适应证候群"，其中包含下列 3 个阶段：

① 警觉反应期。设法适应压力，调整心情。

② 抗拒期。抗拒压力，试图取得平衡。如果能取得平衡，则可以恢复平稳，但为此会消耗巨大的能量。

③ 衰竭期。抗拒的能量枯竭，不敌压力源（造成压力的原因）而产生不适。

生活篇

第二章

心灵照护

动物的"五大自由"

动物的"五大自由"（The Five Freedoms for Animals）是由 1967 年成立的英国"农场动物福利咨询委员会"（1979 年改组为农场动物福利委员会）提出的。这个独特的概念不同于动物福利，对象是由人类管控的所有动物，旨在将其痛苦、压力等心理上的苦痛降至最低限度。

1. 享有不受饥渴的自由	不受饥饿干渴之苦，营养充足。
2. 享有生活舒适的自由	冷热适宜，免于噪声或不卫生的生活环境。
3. 享有不受痛苦、伤害和疾病的自由	维持良好的健康状态，能获得含疫苗在内的适当医疗待遇。
4. 享有生活无恐惧和无悲伤的自由	不受限制，可做出动物的自然行为。
5. 享有表达天性的自由	不受人或动物虐待，不受严厉责骂。

这些自由，看起来本是理所当然要遵守的，但包括让动物在大热天散步、把动物留在未开冷气的家中、对动物大肆发怒、未能察觉疾病和伤势……在稀松平常的日常生活中，它们的这些自由，或许正在受到威胁。希望大家都能再多想想，爱犬是否过得不太开心呢？

狗狗似乎也有莫名提不起劲的日子。
记得要观察它们的神情、举止上的变化，帮助它们减轻压力。

压力带来的变化不仅发生于内在层面，亦会显现于外在上，如掉毛、血尿、过敏等。如果压力过大，甚至可能做出伤害自己身体的自残行为。宠物主人一定要明白压力是会损害狗狗健康的。

消除压力

住处是否清洁舒适？狗狗是否受伤或生病了？首要之务是找出压力的来源，将其排除，也可以喂食狗狗最喜欢的食物，或借由散步来转换心情。而最棒的压力排解法，就是宠物与主人互动交流。多陪在狗狗身边吧！对狗狗而言，跟心爱的主人开心地共度时光，就是最好的减压照护，可以延长狗狗的健康寿命。

• 照片沙龙

狗狗在说什么呢？

要不要来拔河？

发型乱掉了。

不同品种也是好朋友。

抱歉，现在不想跟你玩。

阳光好舒服！

别在意。

想了解狗狗的心情

跟狗狗增进感情的方法

狗狗非常喜欢积极正面的话语。对狗狗说出“好棒”“你真乖”等话语时，它们会很开心，并会做出举动来回应“我知道了”“谢谢”。最新研究结果指出，狗狗能够从人的语调中理解其情绪。话语越是积极向上，狗狗越会感到开心，因此更易于沟通，彼此间能够加深信任关系。

至于我们人类，一样也能解读狗狗的情感。但狗和人之间不具有共通的语言，因此好好关注狗狗非常重要。

狗狗会通过动作（有时也会加上狗语）来表达情感。前几次看不懂非常正常，不过在不断交流的过程中，宠物主人就会渐渐理解某些动作或话语所想表达的含义。

何谓安定信号？

安定信号是动物所特有的肢体语言，动物会做出某些行为以转移自身的注意力。此现象在跟人类共同生活的猫狗身上尤其显著。当感觉紧张、有压力的时候，狗狗为了安抚自己，会突然打起哈欠、靠过来摇尾巴、压平耳朵、移开视线、身体不痒却突然搔抓起来等。这是狗狗下意识的举动，但动作的背后是有理由的。另外，狗狗有时也会刻意靠过来舔舐人脸、开开心心地小便，或

和陌生人也能友好相处

蹲下后放低视线，用温柔的声音搭话。
让狗狗嗅闻气味，狗狗就会明白，这个人好像不错，
似乎可以交朋友。

在未要求之下跑来握手，表达它的开心。从这些行为都能解读出狗狗的心情。

狗对同类也会释放出安定信号，研判主要是用来避免非必要的对立。

碰触互动也很重要

跟宠物主人碰触互动，会让狗狗心情愉悦，能被最喜欢的人抚摸，身心都会放松下来。狗狗尤其喜欢被摸下颚、耳朵根部、脖子、尾巴根部、额头等处。我们自身处于放松状态也很重要。狗狗不喜欢被人碰触的地方，包括脚尖、肛门附近至尾巴末端。许多狗狗也不喜欢被碰到脸。

狗狗的举止和心情

背向对方

除表达没有敌意之外，也是“现在不要关注我”“我不想做那件事”的一种暗示。

搔抓身体

因感到压力而觉得身体发痒，或是在表达“现在抓痒比玩耍重要（不想玩耍）”。

舔舐鼻子、伸出舌头

因压力导致鼻涕、唾液增加，或是可能在让对方知道自己并没有敌意。

劝架

为了维护团体内的稳定，狗狗不爱无谓的争执。狗狗会试图缓和人类夫妻吵架时的剑拔弩张，有可能是过往群体生活时留下的习性。

狗狗医生的烦恼咨询室 1

恋爱脑狗狗的“都都逸”*

烦恼咨询　其一

“我家主人睡觉时，我都会跑去一起睡。但我的睡相太差，总是被主人赶开。我该放弃同床共枕的交流方式吗？”

我想到一种好东西，很适合表达你的这份心情。且让我来吟诵一首「都都逸」。

我在撒娇耍赖，
却被推到一边。
被窝里的人，
为什么这么迟钝。

往后也要多多留意，想一起睡，睡相要好看一点哟。

烦恼咨询　其二

“我们家的宠物主人夫妇总是吵架。好像是因为我的关系，再这样下去好吗？”

哎呀，在这世上，还没有狗会管夫妻吵架的。看来你已经成为家中爸爸妈妈维系感情的纽带了。

我如此深情，
爱着她。
她却背着我，
凝视狗画像。

* “都都逸”是日本俗曲的一种。娱乐性三味线歌曲。具有7·7·7·5调的固定格律。

烦恼咨询　其三

“我每次散步时，都在同一个电线杆和墙边，闻到同一丝很喜欢的气味。我觉得这是我命中注定的对象，实在好想当面闻闻对方的气味。我该怎么样才能找到对方呢？”

你有喜欢的人（狗）了，你觉得说不定这是对方给你留的信息？真替你开心。

我心仪的人啊，
你在何方？
拽啊拽啊，
好想见红线
那头的你。

烦恼咨询　其四

“主人每天一早就出门，说什么要去‘工作’，等到晚上回家以后又会说‘好累哦’。情况严重的时候就完全不陪我玩。您不觉得那个“工作”应该要消失比较好吗？”

人类有个文化，必须出门去工作再回家。相信你家主人也不太喜欢「工作」吧。

不再细问，
晚归的原因。
妻子的温柔，
让人心生畏惧。

第三章 必要的游戏与运动

到户外走走，
感受各种各样的气味，
与未知的人与狗相遇，
对狗狗而言，
也是滋养身心的重要时光。

室内室外都要尽情玩耍

随着散步时间接近，狗狗总会万分期待地看向我们，仿佛在说“散步的时间要到”。如果将手稍微伸向牵绳，狗狗就会将时间什么的全抛在脑后，认为“已经要出门了吗?”而感到非常开心，让人心想“狗狗真的好喜欢散步”。散步和玩耍的时光，不仅能解决狗狗运动不足的问题，还能释放压力、刺激本能，好处良多。或走或跑、到处嗅闻、挖洞、接抛球，这是狗狗的宝贵时光。

运动和游戏让狗狗更健康

健康的三大要点

想让狗狗健康地生活，“饮食”“运动”“睡眠”非常关键。充分满足这三点，才算是理想的生活。在现代，狗狗已经成为家庭的一份子，在以室内饲养为主流的生活中，只要喂狗狗吃食物就行。它过着理想的饮食生活，也不必担心风吹雨淋，随时都能入睡，环境可以说是无可挑剔。但唯独运动的需求，必须得靠宠物主人的积极作为，才有办法满足。比起绑在院子里，狗狗在房屋内的活动范围或许更为宽阔，但总是闷在室内,会导致运动不足。不是吃就是睡，完全不运动，只会踏上肥胖之路。更何况问题还不只局限于此。

狗狗原本就非常热爱运动。运动不足会累积压力，而且总是待在同一个空间内也会感到非常无聊。狗狗会啃咬家具的腿、将卫生纸扯得到处都是，不单纯是任性的恶作剧，亦可以视为狗狗对于无聊的一种抗议。狗狗会不乖，问题可能出在我们自己身上。如果想要解决这类问题，就必须带狗狗去散步和玩耍。

“运动”不单单是散步

碰上下大雨或刮台风这种无法出去散步的天气，即便在家里，我们也要尽量陪狗狗“玩耍”。就算待在家中，只要能让身体动起来，就是一种运动，它同样能消除压力。此外，狗狗非常看重与宠物主人之间的交流，因此只要一起玩耍，就能让狗狗感到心满意足。

狗狗的游玩道具

用线条或是布料拉拉扯扯、玩接抛球，皆是能激发狗狗狩猎欲的代表性游戏。在成堆的抱枕等物品中翻找藏起来的玩具，这类寻宝游戏则能满足狗狗“挖来挖去”的欲望。

另外，狗狗也非常喜欢玩玩具。在幼犬时期，能够啃咬的玩具可以排解乳牙即将掉落的焦躁情绪；布偶则能产生叼着猎物的感觉。依据目的不同，有各种材质和形状的游玩道具。需要动脑找出零食的益智玩具，最适合让狗狗独自玩耍,也是狗狗最容易迷上的一种玩具。但切记应挑选不会误吞或易让狗狗受伤的玩具。

游戏可以刺激本能

狗狗最喜欢跟宠物主人一起开心玩耍了！
追逐会动的东西、挖洞，都能刺激狗狗的本能。
这类游戏当运动也可以消除压力，还能和狗狗增进感情。
但也要注意不能让狗狗过度兴奋。

拉拉扯扯

用绳索类的玩具或布料，来玩拉拉扯扯。有人会说不能让狗狗获胜，其实未必如此。要小心别让狗狗误吞脱落的线料。

挖洞找宝藏

挖洞就像是狗狗的一种工作。如果在室内，就将抱枕跟毛巾之类的东西叠在一起，让狗狗开心地挖掘吧。挖出宝藏（零食）的时候，狗狗会超级开心。

玩水

猎犬类、纽芬兰犬、雪达犬这类会帮忙狩猎和捕鱼的犬种非常喜欢水。请一定要带它们去水边玩耍。记得注意安全！

接抛球

接抛球能满足狗狗追逐移动物体的本能，是狗狗非常喜爱的游戏，如果能训练狗狗接住球后叼回，那么在狗活动区等户外也能玩得开心。

散步是狗狗每天的乐趣

散步的好处

散步的目的不仅仅是运动。狗狗仅是从家里到户外走走，就足以减轻压力。晴天时还能做日光浴。哪怕每天都走同一条路线，每天的天气、风、气味都会不同，与总是在屋内看着相同的景物相比，实在是天差地别。另外，能够遇见家人以外的人类和狗、到处嗅闻气味、看见各式各样的东西，对狗狗来说也是很好的刺激，在培养社会性的层面上亦是极为重要。据说狗狗会通过在路边嗅闻其他狗狗所留下的气味，来跟同类交流。狗狗会这里嗅嗅、那里闻闻，想来也很合理。

相信狗狗每天都会有新发现。

通过散步，每天检查健康状况

每天观察狗狗走路，就能留意到狗狗身体状况的变化。例如不像平时那么活泼、拖着脚走路、行为改变等，都能借以察觉伤势或疾病。如果留意到排泄物有异，还可以及早发现疾病。

呼吸也是应该确认的一个重点。狗狗的呼吸次数，正常来说休息时每分钟为 20~30 次。检查呼吸次数有没有异常的同时，也应该确认呼吸方式是否跟平时有所不同。尤其是斗牛犬、巴哥犬等短吻犬种较易发生呼吸问题，请多多观察。此外，大型犬应该避免在用餐后马上运动，有可能会引发胃扭转。

各犬种、年龄的标准运动量

狗狗的运动量会因犬种、年龄而异。小型犬每天散步 1 次，以 30 分钟至 1 小时为宜。也可以早晚共 2 次，各散步 30 分钟。小型犬的腿很细，长时间运动会造成负担。如果狗狗不太喜欢散步，就在室内玩一些能当作运动的游戏。

中型犬每天散步 1 次或 2 次，时间约 1 小时。大型犬每天散步 1 次或 2 次，花上 1~2 小时慢慢地走比较理想。另外，某些犬种无关乎体型大小，运动

能够碰见狗朋友，也是散步的乐趣所在。

即使不方便走路，也可以坐在推车里散步，
光是感受户外的风，就会很愉快。

各种不同的气味能刺激心灵。

走在枯叶上会有沙沙声，
狗狗一定也能感觉到秋天来了。

量原本就很大，某些狗狗则是大量运动仍旧容易变胖，了解狗狗的类型也很重要。狗狗较具活动力的时段是早上和傍晚，要以此搭配宠物主人的生活方式，确保狗狗运动的时间。

进入高龄之后，狗狗的代谢功能和肌肉力量就会变差。如果狗狗开始讨厌散步，便不要强迫它。假如精神饱满，可以维持每天散步 2~3 次，每次约 10 分钟，如此一来就能预防腿脚的退化。等到无法走路之后，就算只是让狗狗坐在宠物推车中，或使用步行辅助带等，只要能外出，狗狗就会很开心。接触户外的空气，也有助于消除压力。

运动量会随着年龄逐渐降低，因此要合理分配散步和玩耍的时间。须视爱犬的身体状况进行调整。

散步时间到了

狗狗必须先学会的事

在带狗狗出门之前，狗狗必须先接受最低限度的调教，以确保安全。例如叫唤它时会将目光转过来、确实熟练“停下”“过来”（P89）等指令，如此一来就可以避免许多危险的发生。在停下、起步之际呼喊狗狗，行走时保持眼神接触，相信这么一来狗狗就会越来越擅长散步了。

想避免狗狗对着人类或其他狗狗吠叫、扑上前去造成困扰、被巨大声响吓到逃跑等麻烦事，最重要的就是社会化训练（P160）。在第一次出去散步之前，就要先抱着狗狗到户外走走，让狗狗看见许多东西、听见各种声响，让狗狗事先熟悉外面的世界可以有效避免上述的麻烦。

不能让狗狗拖着牵绳走

当狗狗发现在意的气味或是某些东西时，会拉动牵绳想去查看。这是很自然的举动，但狗狗或许会去吃地上的东西，与车辆或自行车等发生碰撞，如果是大型犬的话，宠物主人也有跌倒的风险。因此记得要多留意用牵绳控制好狗狗。

牵绳要随时放短一些，当狗狗开始想要拉着牵绳走时，宠物主人就要停下脚步。必须让狗狗学会不能走去更远的地方，接着再一起重新起步。此时不妨对狗狗说声“走啦”。如果顺利做到，就表扬狗狗。在反复执行这种训练后，狗狗就会跟在宠物主人身旁散步了。

可以到处闻东西吗?

狗狗在走路时，总会不遗余力地确认气味，这儿嗅嗅，那儿闻闻。这是狗狗本能的自然举动，不用强迫改掉，可以适当满足它的需求。不过应该避开不干净的地方，注意别让狗狗乱吃地上的东西，亦不能放任狗狗四处自由地嗅闻。理想的情况是制定一些规矩，诸如不可以自顾自地左右乱拉扯牵绳，或是突然开始奔跑等。

狗狗在闻过气味之后，大多会排泄以留下标记，因此要尽量避免让狗狗在住家、店铺以及会造成他人困扰的地方嗅闻气味。如果狗狗在其他地方做了标记，别忘了用水清洁等，保持文明养狗应有的礼仪。

散步的规矩

有些人会怕狗

别忘了在公共场合，也有一些人并不喜欢狗狗。必须教导狗狗不可以咬人、胡乱吠叫、飞扑等。不给他人带来困扰，是养狗前就该有的概念。

务必使用牵绳

散步时不要使用卷尺形的伸缩牵绳，而是应该将牵绳收短握在手中。在一有状况时能马上将狗狗拉回是很重要的。多只狗狗一起散步时，则要留意别让牵绳缠绕在一起，或让狗狗们走得太远。

如厕后要悉心处理

狗狗的排泄物应该带回家中，不可以丢弃在垃圾箱或公共厕所里。如果狗狗在人来人往的柏油路上小便，就要用尿垫吸掉，再冲水清洁。处理期间要将牵绳收短，充分留意，别让狗狗接触到其他人或狗。

其他狗狗接近时

请互相打招呼，让出通道。可以移动到路的另外一侧，或者至少也要将狗狗牵在远离对方的另一侧。直到擦身而过，都要将牵绳收短拿好。只要是不认识的狗狗，都要避免让狗狗产生接触。散步时要尽量避开人流较多的时段和地点。

别让狗狗吃地上的东西

当狗狗发现了什么，就要将牵绳收短，使狗狗的嘴巴无法碰到地面。此外某些路边、公园的植物可能对狗狗有害，也可能喷洒过除草剂等，必须留意别让狗狗吃到嘴里。

防止逃跑

项圈、辅助带、牵绳都必须安装妥当。如果尺寸不合，那么拉动时可能会脱落。为了防止狗狗意外逃跑，可以先在项圈处挂上名牌或植入芯片。

散步时间到了（续）

盛夏散步需留意！

夏天，会有气温逼近 40℃的酷热之日。在这样的日子，我们总会犹豫是否应该外出，但请你相信狗狗还是会“很想出去散步”。天气持续炎热，慵懒地出门散步都省略了……要是这样的话，狗狗就太可怜了。但如果出了门，狗狗也会觉得很热！因为在身体结构上，狗狗比人类还要难以散热。

狗狗走路时很贴近路面，热气会从地表袭来。离地面越近温度就越高，因此狗狗所感受到的气温，比我们高出约 5℃。在这样的高温中走路，难免会中暑。而且，柏油路在日光照射下的热度达 50~60℃，也有可能会烫伤狗狗脚上的肉球。盛夏散步时要避免日光直射的时段，最好选在早上或傍晚之后。在开始走之前，记得先摸摸地面，确认一下温度。在特别炎热的日子，就得考虑让狗狗暂且忍耐，不要出去散步了。这种时候，请在开着冷气的室内，陪狗狗尽情地玩耍。同样，在下大雨或刮台风的日子，也不要勉强去散步。当然，也有一些狗狗不喜欢下雨。

此外，如果是在天色较暗的时段散步，可别忘了安全装备，如携带灯具、在牵绳上贴反光胶带等。

柏油路是灼热的地狱

夏天时散步，务必要小心中暑。受到阳光照射的柏油路，超乎想象的滚烫。

幼犬初次散步

在最后一次接种疫苗 1 周过后，就可以带着狗狗一起出门了。为了避免初次散步就失败，不妨在家中练习一下。装上项圈、辅助带，让狗狗先行熟悉。如果要做牵绳训练，使用项圈会比较适合。但如果是小型犬等脖子较细的狗狗，还是用辅助带会更让人放心。接着就可以系着牵绳，在家中走一走。在狗狗还小的时候，就要让它们观看窗外的景物、聆听车子的声音；等再长大一些，则要抱着到附近走走等，让狗狗一点一点地习惯房屋外的世界。

最关键的是，必须让狗狗爱上散步。等到某天终于要出门时，如果狗狗好像还是很害怕，那么绝对不可以强迫它为之。狗狗本来就很喜欢户外，相信很快就会觉得“散步真开心”了。

如果不慎走失

如果狗狗挣脱、逃跑，将有遭遇交通意外的风险，因此一定要极力避免。在开关房门、窗户，以及散步时，都必须谨慎对待！如果狗狗不慎走失，要即刻搜寻住家附近，包括平时的散步路线、朋友家、喜欢的公园等。此时也可以向平常会遛狗的人士等打听有没有目击情报。

如果还是没找到狗狗，最晚在隔天之前，就要赴当地派出所、警察局、卫生所、地方政府的动物爱护咨询中心申报走失。狗狗也有可能已经遭遇意外，因此也要确认是否被送至当地的清洁管理单位、动物医院等。

张贴狗狗照片的传单虽是个老方法，但是效果很好。重点是照片要够大，便于爱狗人士留意到。未经许可在街上张贴，有可能会触犯法律或条例，因此如果要张贴寻狗启事，请选择适当的地方，或到动物医院、宠物美容院等处拜托对方。另外，也可以积极利用社交软件。不少案例都能在短时间内取得消息，迅速找回狗狗。也有一些网站和手机应用程序，可以发帖公布宠物走失信息并收集情报。

照片沙龙

今天要去哪里呢？

其实我现在非常快乐！

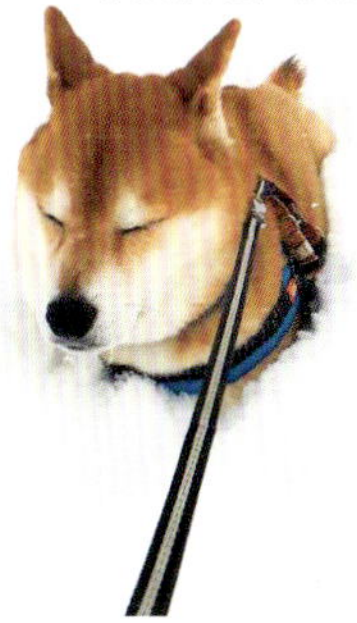

狗狗医生的烦恼咨询室 2

狗狗“川柳”*，说说心里话

烦恼咨询　其一

“我今天把主人的鞋子叼进家里，又被骂了。鞋子有我喜欢的气味，我明明想表达我很喜欢，为什么主人要对我生气呢？我真的完全搞不懂。”

我知道你很喜欢主人的汗味，相信你本来就知道主人很重视这双鞋子，却又明知故犯。你是否压力太大了呢？要让生活环境更放松一些。

试着闻了闻，
因为，
是你珍惜之物。

烦恼咨询　其二

“最近主人都会在脆脆的餐食上面多放一点好吃的东西。我只想大吃特吃最上面的那些东西，我该怎么做呢？”

看来主人帮你做了加料餐食呢。真是不错，很好吃吧？不过那脆脆的东西是综合营养餐，记得要一起吃完，别剩下哦。就让我来告诉你一件好事情吧。

狗狗的餐食，
也觉得美味，
那就更美好了。

*川柳，是日本杂俳的一种，属江户庶民文艺。以洞察人世微妙为特征，多诙谐和讽刺。

烦恼咨询　其三

“我是一只收容犬，我很担心到底能不能找到新的主人。请告诉我，我该怎么样才能讨得人类欢心呢？”

现在已经是动物领养的时代了。抛开你的不安吧。「静候佳音」即可。

收容犬，找新家，身不由己。

烦恼咨询　其四

“我的身体出了问题，正在吃处方饲料，但我真的一点食欲都没有……好想吃肉干或饼干，真的不行吗？”

不行哦。

兽医禁止的食物，都是美味。

第四章 营造舒适的居住环境

我们所居住的家，
对同为家人的爱犬而言，
也该是个
既舒适又安心的家。

能够感到安心的地方在哪儿?

狗狗的窝该放在何处？应该用围栏围起来吗？该让狗狗在家里到处跑吗？狗窝跟便盆该放在哪里比较好？这些都是令人头痛的问题。我们应该结合家宅情况和狗狗的特性，决定自家的规范。这时，让狗狗安稳度日应放在首位考虑。最重要的是，要让狗狗生活在家人身边。狗狗非常怕寂寞，不擅于独自生活。另外还有一点，家中的环境对狗狗而言是否是安全的呢？有时意想不到的物品会带来危险，甚至造成事故。

想住在这样的家里

待在一起就好幸福

跟狗狗共同生活的一大关键，就是要让狗狗能过得安心，人也过得舒适。狗狗基本上都很爱人类。只要能跟家人待在一起，能在自己的窝里休息，就已经很幸福了。

宠物主人的职责，是为狗狗营造安全又安心的住所，如果家中即将开始养狗，或许有些地方得再重新审视一番。

狗狗生活的必需品

狗狗大部分的时间都待在家里，因此要尽量打造出一个舒适的地方。应准备“能让狗狗感到平静的场所”，可以用狗狗外出箱笼（塑胶等材质的外出箱笼）等物品打造成狗窝（P69）。另外在狗狗还小的时候，会在家中活蹦乱跳地到处玩耍，记得也要规划出一个可供安全活动的地方。如果看得见户外、有通风窗的话，狗狗就能感受到外面的动静，借以缓解压力。

在迎接狗狗入住前有个大前提，宠物主人应该先想想，目前所居住的家适合养狗吗？适合想要养的犬种吗？如果只用局限的地盘饲养大型犬，狗狗实在太可怜了。

打造友善狗狗的家庭空间

必须排除对狗狗来说有危险的场所和物品。将零碎的小物品收拾妥当自然很有帮助；设置栅栏，阻挡狗狗进入厨房等危险场所，也是一种方式。每个家都应该自行规范禁止进入的地点。

居家环境中，务必要留意地板。光亮的地板容易滑倒，会对狗狗的关节造成负担，因此软木地板、软地垫会让狗狗比较好行走，也可以只使用在狗狗的活动空间。

地毯不易滑倒，但是不方便清理掉毛或大小便。此外，绒毛地毯会勾到指甲，因此也不适合狗狗。

木地板虽然也是个不错的选择，但木头的种类、打蜡等都会影响易滑程度，因此可以将“狗狗坐下时能否左右对称”当成标准，如果狗狗似乎无法坐正，就需要进行防滑处理。

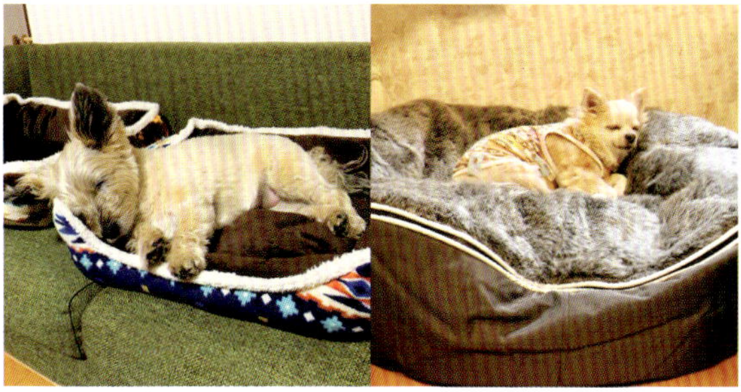

舒适的睡床

软绵绵、毛茸茸的睡床，是狗狗最喜欢的地方。能够香甜酣睡，就能保持健康。记得将睡床放在安静的位置上。

看得见风景的窗边

狗狗在家里的时间虽然长，但是能从窗户看见户外就能度过开心的时光，不会感到无聊。

能够安心的窝

狗狗不常待在窝里也不要紧。只要能有个安稳、属于自己的“巢”，狗狗就会很安心。

适合犬种和数量的空间

最好要确保家里的空间大小足够让狗狗稍微跑动和开心玩玩具。

能闻到户外气味和空气的场所

家中如果有露台、庭院等空间供狗狗玩耍，那就太完美了。毕竟狗狗最喜欢户外了。

打造能感到安定的场所

打造出舒适的窝

狗狗原本就会挖掘巢穴，把阴暗狭窄的场所当作睡觉的地方。家里如果也有这样的地方，狗狗就能安心地生活。

此外狗狗具有地盘意识，因此将狗狗的居住空间与人类分开，能让狗狗感到比较安稳。

在不怕风吹雨淋的家中，为了让狗窝变成狗狗最能感到平静的地方，要从幼犬时期开始，就让狗狗养成待在窝里的习惯。

狗狗的生活空间设置

如果无大小便等令人烦忧的问题，就可以让狗狗在整个家中自由来去（禁止进入的场地除外）。即使如此，还是要准备宠物箱笼来当成狗窝，让狗狗有个能放心的地方。如果狗狗听到指令就会自己进入狗窝的话，当需要出门或是碰到危险需要避难时，也就能更加放心。

如果不打算让狗狗自由来去，就要用宠物笼、围栏区划出一块“狗狗的生活空间”，在里面配置狗窝、便盆、水盆。狗狗很爱干净，不喜欢弄脏睡床，要注意不要让狗窝跟便盆靠得太近，否则狗狗有可能会跑到便盆以外的地方去上厕所。

如果家里的空间充足，不必拘泥于室内，亦可以在庭院中准备比较大、有屋顶的围栏空间，在里面放置狗屋（狗窝）。

不妨考虑室内装潢、是否方便清扫、房间的宽阔程度、主人的偏好、生

这是尺寸刚好的自制睡床，
似乎能够满足狗狗的本能。

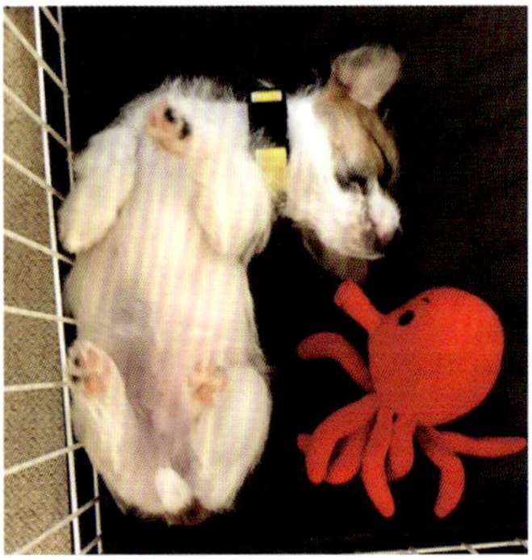

跟喜欢的玩具待在一起，
到哪里都能睡得香甜。

在会让人忍不住担心“是否太窄”的地方，狗狗出乎意料地能感到安心。

活形态等因素，来决定要将狗狗的生活空间打造成何种风格。

宠物笼的大小和摆放位置

合适的宠物笼尺寸，能让狗狗感到安心。狗狗只有在散步和运动时才会需要开阔的空间。而宠物笼里的宽阔程度，只要能够趴下、转换方向，对狗狗来说就已经足够舒适了。如果使用围栏，其高度应为成犬站立时的 1.5 倍。

狗狗只要跟主人待在一起，就会感觉安心放松，因此要将狗窝安置在看得见主人，或能感受到主人动静的地方。背后有墙壁会让狗狗比较安心。同时最好能有适度的阳光照射，也要通风良好、温度稳定。应该尽量避免设置在对着冷气出风口的地方、电视附近或人来人往的位置。

有些狗狗会随着人类的作息熬夜，或者在明亮状态下仍能睡得很好，但夜里最好还是以月光的亮度为参照，灯光暗一点较能安心入眠。狗狗在明亮的屋内也能睡得着，但为了使生理时钟顺利运行，夜里还是需要确保一处够暗、能安稳睡觉的地方。

宠物笼的尺寸

宠物笼的尺寸，必须比狗狗坐着、趴下时的高度和长度再多出 5~10cm。如果不能在宠物笼里转身，就是太过狭窄。

打造
成功的厕所

狗狗喜欢怎样的便盆?

狗狗的厕所，通常会以便盆搭配吸水性宠物尿垫。必须按照性别、腿的长度、身体长短，来决定形状和尺寸。

非常受到欢迎的平面式便盆适合蹲着排泄的狗狗。公狗会抬腿排泄，因此要选择可掀开、在立面上也贴有尿垫的“L”形开合式便盆。便盆尺寸包括标准、加宽、超宽等型号。狗狗会边绕圈边寻找排泄位置，因此挑选尺寸时，要以狗狗在旋转身体时整个身体都能容纳在尿垫范围内为标准。

便盆清洁乃第一要务

刚开始养幼犬时，先让狗狗在铺有尿垫的围栏内上厕所，经过反复训练后（P89），狗狗就会在固定的位置上进行排泄。接着就逐步减少尿垫的面积，选出厕所的位置。要逐步教导狗狗，做得好就表扬它、喂零食等。如果总是失败，通常都是因为狗狗对便盆、尿垫的脏污产生厌恶之故。狗狗很爱干净，不喜欢把脚弄脏，为了避开脏污，才会排泄到便盆的范围之外，宠物主人要尽量保持便盆的清洁。我们可以通过在便盆

有时也会上到外面去

就算头部进入了便盆范围，屁股经常还在便盆范围之外。
当事人（犬）似乎还会觉得“我做得很棒！”

一定要让狗狗学会在便盆里排泄。有时狗狗会因不喜欢便盆而在便盆外排泄，应多加留意观察。

旁安装围栏，或是将尺寸变大等方式进行引导。不过，如果狗狗在日常中感到不满或焦虑，也有可能刻意上在便盆外排泄，或跑到其他地方进行排泄。

此外，便盆要设置在狗狗能惬意放松的地方，像走廊等有人走动的地点并不适合。另外，也要避开夏季过热、冬季过冷的位置。记得要站在爱犬的角度，寻找适合设置便盆的地点。

公狗和母狗的如厕事宜

公狗具有强烈的地盘意识，在散步等过程中，会在自己的地盘上小便。例如在电线杆、墙角等处抬起腿来，在“尽可能高一点的位置上”留下标记。位置越高，就越能向其他狗狗展现“我可是很强的哦！”的信息。相反地，母狗的地盘意识不如公狗强烈，几乎都是蹲着排尿。有时无关性别，也有某些狗狗会采取非常有个性的排泄方式。

狗狗学会在散步的过程中排泄后，有可能就不再愿意在家中如厕。或许是户外的环境比较开阔，或者是不想弄脏家里，实际的理由不详。但如果无法在家里上厕所，当天气不好、生病无法出去散步时，或未来成为老年犬的时候，宠物主人跟狗狗都会非常辛苦。另外，如今人们也越来越重视礼仪，会让狗狗在家里排泄后再出门散步。

即使狗狗不愿意在家中如厕，仍可以通过出声引导训练等方式，让狗狗愿意继续在家里上厕所。如果状况允许，还是要挑战看看。

很喜欢待在家里

我很怕热。

拜托，丢这个！

来，跳过去！哎呀……

肚子冰冰的，好舒服啊！

真开心，真
是太开心啦！

这个，应该
可以咬的吧？

冷也生病，热也生病

怕热狗狗的适合温度

人类在环境温度超过 30℃以后，因中暑致死的情形就会增加。而狗狗在环境气温超过 22℃、湿度超过 60%后，就算感觉不太热也会出现中暑症状。狗的体温比人类高，全身却不具有排汗的功能，因此热量很容易聚集在体内，非常容易中暑。从气温开始上升的 4—5 月开始，就必须想办法让狗狗适应炎热。

不同犬种的情况不同，在室内应该打开冷气，使室温维持在 23~26℃，并让狗狗能够自行移动到走廊、玄关、预备的凉垫等比较凉爽的地方。要以竹帘、窗帘遮挡日光，用空洞和除湿机进行除湿也很重要。

小心中暑

盛夏时期应该避免在白天散步，这一点自不必说，但实际上狗狗在室内也会中暑。在医院，只要狗狗的体温接近 40℃，就会被诊断为中暑。尤其是巴哥犬、京巴犬等短吻品种更应留意。有呼吸道疾病或心脏疾病的狗狗、肥胖的狗狗，一旦中暑就会很危险。留狗狗自己看家时，人们无法帮忙留意热度，所以要特别小心。就算离开时家里凉凉的，如果随后可能升温，就要先开好冷气；夏季外出时，严禁将狗狗留在车里等候。

如果狗狗在大喘气的话（指伸出舌头“呼哧呼哧”地喘气，这是在调整体温），就是它觉得很热的信号，应将狗狗移至凉爽的地方，给它补充水分。如果狗狗还是继续在大喘气，就将冰块或冰袋敷在其腋下、胯下处，或扇风帮助狗狗身体降温。如果狗狗出现呕吐、血尿、痉挛或失去意识，进行降温后，就必须即刻送医。

除此之外，狗狗在夏天还会遭遇如下风险：因阳光导致的日光性皮炎；在室内因烟花、打雷的巨响而害怕，甚至逃跑；杂草丛生时接触喷洒的除草剂，等等。

狗狗很耐冷?

根据“伯格曼法则”，同一个物种栖息在越寒冷的地区，体重就会越重，并且会更加耐冷。西伯利亚哈士奇、萨摩耶犬、秋田犬等原产于寒冷地区的狗狗，体型庞大，而且长着人称“双层大衣”的双层毛，御寒性非常好。另一方面，玩具贵宾犬、吉娃娃犬则拥有人称“单层大衣”的单层毛，一般认为比较不耐寒。

狗狗的适应能力会随着生活环境

四季的变迁让人期待

狗狗能从气温、风的变化察觉出季节的变化，设法让自己过得舒适，好好享受大自然。

变化，住在温暖家中的狗狗和住在户外的狗狗，耐寒程度并不相同。

冬季的室温以 21~24℃为宜。在室内要留意电暖炉、电热毯等造成的低温烫伤风险。在户外，像是下雪的日子，喷洒在路面上的防冻剂、融雪剂等可能会附着在脚底，因此应留意别让狗狗舔脚，以免造成中毒。

春季和秋季的注意要点

春秋是舒适的季节，但是也有应该注意的事项。春季是换毛期，因此要帮狗狗梳毛，清理掉下来的毛。另外也必须留意花粉等引发的季节性犬异位性皮炎，蚊子则会传播犬心丝状虫病（P153）。

秋季降水后易发生的犬钩端螺旋体病，是别称“秋疫”的人畜共通传染病。不干净的土壤、河流、池塘皆可能造成感染，要小心别让狗狗靠近。接种犬钩端螺旋体病的疫苗，可有效防治。

家中
处处有危险

危险 1　厨房

火、油、刀具、垃圾桶、对狗狗有毒的食物等，家中的厨房充满着发生烫伤、中毒等意外的风险。曾经有狗狗在看家时触碰煤气灶的按键式开关，结果引发了火灾事故。不希望狗狗接触的东西、吃到会有危险的东西，应该收拾妥当并保管好。即使如此，仍然会出现意想不到的疏漏。厨房最好要安装门栏等设备，禁止狗狗进入才是最保险的做法。

危险 2　楼梯、台阶

尤其对小型犬来说，在上下楼梯时会有脱臼、骨折之虑，下楼的姿势也会对腰部造成负担。老年犬也是一样，上下楼梯和台阶都会对身体造成负担。

另外，易滑的楼梯也有摔倒的风险。记得设置门栏等设施，尽量别让狗狗爬楼梯。如果无法设置门栏，可以贴防滑贴等予以对应。如果可以的话，减缓落差或设置斜坡，效果也很好。

危险 3　电源附近

狗狗也会引发各种我们意想不到的意外事故，如啃咬电线或充电线、用手或鼻子接触插座而触电、小便淋湿插座导致短路等。这些意外如果发生在只有狗狗自己在家时，可能还会酿成火灾。所以电线等要整理好收纳在狗狗接触不到的地方；墙壁上的插座，则要安装插座保护盖等。危险物品要藏好，是适用于任何情况的重要事项。

危险 4　出入口

出入口的安全也要严密把关，以免狗狗跑出去！在收取快递、为了换空气而开窗时，狗狗可能在转眼间就跑出去。另外，不少狗狗似乎会记住人类的动作，懂得如何打开拉门、把手式门扉，所以就算关了门也绝不能掉以轻心。玄关大门、后门、落地窗前，都要安装门栏等设备以防万一。训练狗狗对“等一下”“停”有所反应也很重要，如此才能在狗狗往外跑时立刻制止它。

设置禁止进入场所时的注意要点

禁止狗狗进入的场所，就要将门关上或者设置门栏。市面上有售宠物用、婴儿用门栏，也可以用铁丝网等材料自己制作。如果狗狗比较活泼，有可能会跳跃、爬上后翻越门栏，因此高度须为成犬站立时的 1.5 倍。横条式栏杆可能成为狗狗往上爬的踩踏点，所以要选择竖条式栏杆的门栏。

中大型犬可以用力撞开门栏，因此必须另外想办法，比如上锁等。

除了这类物理性对策以外，让狗狗了解哪些地方不能进入同样也很重要。例如，即使是矮小的台阶，狗狗认为“前面就是别的地方”，所以只要告诉狗狗再往前不可以进入，狗狗就会明白。

惹麻烦被抓到时，狗狗都是这样无辜的表情。
再怎么生气，气也消了。算了，还是收拾收拾吧。

家中处处有危险（续）

要留意别误饮、误食！

除食物之外，误饮、误食也很危险。在幼犬期间，狗狗比较容易什么都往嘴里塞，因此任何物品都必须留意。狗狗在玩耍时，也可能意外将球吞下肚，吃下无法消化的物品，可能会引发肠阻塞。发生误食情况时，有时仅靠内窥镜就能够取出，有时则必须进行开腹手术。

沾染食品气味的保鲜膜、塑胶袋、零食的空包装、烤串的竹签、冰棒的棒子、纽扣型电池、带有宠物主人气味的饰品等，都是狗狗经常误食的物品。不仅无法消化，还可能会伤害内脏，宠物主人必须要十分留意。

室内的其他危险因子

观叶植物

某些类型的观叶植物对狗狗来说就有毒。绿萝、一品红、芦荟、百合科的所有植物等，皆是其中代表。家中要摆放植物时，要务必调查是否适合狗狗。

药品类

杀虫剂、老鼠药、农药、各种治虫药剂等药品自不必说，洗衣粉、漂白剂等日常用品也必须留意。大多数的杀虫剂会使用类除虫菊素的成分，一般认为对人、狗的影响不大，但有些国家会限制对人使用待乙妥（DEET，即避蚊胺）成分，所以狗狗也不要接触会比较安全。人类用的许多医药品，对狗狗来说也很危险。

精油

香薰精油的香气及有效成分，会对身心发挥效用。许多人都会帮狗狗实施芳香疗法，希望能舒缓狗狗的压力。需要注意的是，有些人认为精油是100%的纯天然物质，所以很安全，这其实是一种误解。目前已有报告指出，狗狗长时间吸入某些精油的香气，会引发慢性中毒。使用时，务必要先请教专家。

哎呀呀，你吃掉整颗大白菜啦。
虽然这是狗狗可以吃的安全蔬菜，但还是不能偷吃。

“啃咬”是狗狗发出的信号

狗狗之所以会啃咬家具、撕扯书本，是有原因的。在幼犬期换牙时狗狗的牙龈会痒，因此找到好咬的东西就会啃咬。除了这个时期，牙龈并不会发痒，所以是出于运动不足、无聊、有所不满等，无法消除压力，才会啃咬东西或搞破坏。换句话说，这是一种希望主人关切的表现。另外，当狗狗因噪声等因素而感到焦虑时，也可能通过啃咬来释放压力。

就算你再用力咬它，
我想还是很难吃到好吃的部分。

如果是树枝的话，那么随你咬。
啃咬玩具也很好用。

狗狗在小时候跟兄弟姐妹游玩的过程中，会一边嬉戏、啃咬，一边彼此交流，逐渐明白用力咬就会痛，从而学会控制力道。

这是狗狗的社会化时期。如果出生后没多久就离开了狗爸爸、狗妈妈和兄弟姐妹，狗狗将无从学习包含啃咬在内的交流方式，最终导致不懂得如何控制力道，只留下咬住不放的本能。

不可啃咬的物品，应该放在狗狗无法触及的地方。首要之务是将家具的脚等地方妥善包裹，并且不让狗狗前往有许多可咬物品的地方。也可以使用市面上有售的狗狗会讨厌的苦味喷剂等商品。不过，如果是玩具等咬了也无妨的物品，就积极地拿给狗狗啃咬吧。

当狗狗咬了不该咬的东西时，宠物主人要用坚决的口吻表示“不可以”，然后换成可以咬的玩具给它。大声喊、跳起来等，狗狗就会误以为“主人在回应我（很喜欢我这样做）”，啃咬习惯反倒会加剧，因此冷静处理且态度坚决非常重要。

紧急情况时能一起避难吗？

为狗狗准备防灾用具

在日本环境省“灾害时宠物救护指导原则”、公益社团法人东京都兽医师会发行的《宠物防灾书》中，都推荐“灾害发生时，要跟宠物‘同行避难’”。所谓同行避难，就是跟宠物一起去避难。首先要明白，我们有义务带着宠物去避难。

我们也必须先替爱犬准备好应急包，以备不时之需。携带狗狗用习惯的物品，多少能够让狗狗感到安心。如果有治疗期间的处方饲料和药物，也别忘了带过去。

应急包中需放入的物品

- 能将狗狗装入的狗窝（宠物笼）
- 数份狗食
- 每只狗狗 0.5~1.0 L 的水
- 塑胶狗碗
- 数片宠物尿垫
- 急救用品
- 附有名牌、联络信息的项圈（步行辅助带）
- 备用的项圈、牵绳
- 防走失名牌、狗狗的照片

*在手机里存放些狗狗的照片，会很有帮助。

平时就要做好准备

在必须立即避难的紧急情况下，有些狗狗未必会乖乖听话。在狗狗察觉到紧张感时，也有可能会办不到原本它做得到的事。

小中型犬一定要先进行“宠物笼训练”。让狗狗听到叫唤后，就会愿意进入狗窝（宠物笼）里。如果狗狗平时就将宠物笼当成能够安心睡觉的地点，在避难处也就能够降低压力。在陌生场所生活，容易导致免疫力变差、身体状况失衡，所以绝对不能忘记接种疫苗，或是服用、投以除蚤及除螨药品。这样就可以做到不被传染，也不传染疾病和寄生虫给其他狗狗，这也是一种礼仪。

在一片混乱之中，狗狗有可能会逃跑。牵绳和项圈都要正确佩戴，不可有破损。一旦狗狗不慎走失，它的登记证件、防走失名牌、芯片都可派上用场。

紧急时刻，守护包括狗狗在内的全家人不是易事。有些地方组织可协助进行与宠物同行的避难训练。就算所在地区没有这类服务，也可以先进行模拟演练。

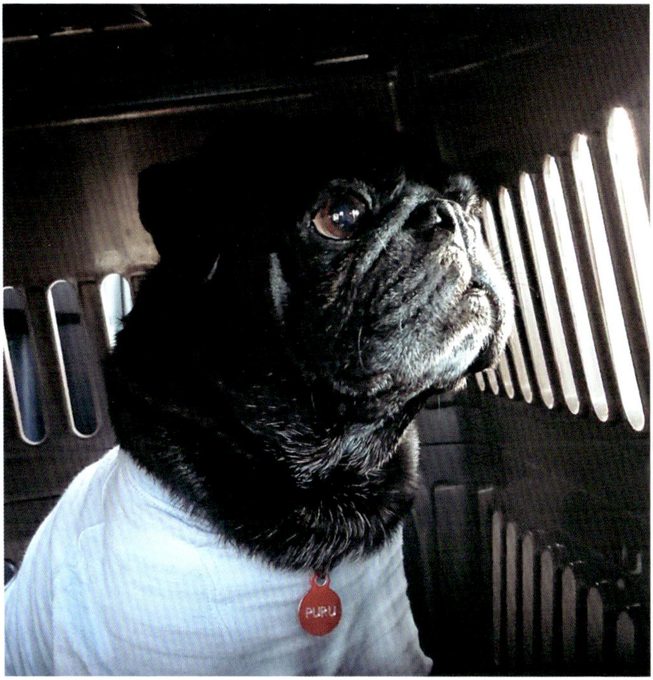

“不测风云”随时都可能到来。
为了重要的家人（无论人还是狗），一定要做好万全的准备。

大型犬避难

大型犬很难像小中型犬那样，利用宠物笼来搬运。如果是系着牵绳行走，碰到瓦砾等物品时，光着脚的狗狗容易受伤。视情况让狗狗先在家中等待，主人往返于避难所和家照顾狗狗，也是一个方法。还可以在汽车的后车厢用金属笼或宠物笼打造狗狗的住所，把食物与水带上车，就能住在车中避难。此时必须在狭窄的空间中度过，应充分留意人跟狗的健康状态。最后，也可以考虑使用不论狗狗的体型多大都能暂时寄养的服务。

避难生活的注意要点

虽然推荐同行避难，但这仅是指“跟宠物一同前往安全场所避难”的行为，跟可以在避难所养育宠物的“伴随避难”并不相同。能够“伴随避难”的避难所并不多，即使可以“伴随避难”，宠物也未必能跟主人在同一个房间，必须待在别处的宠物饲养处才可以。要清楚“同行避难”跟“伴随避难”的差异，最好事先确认附近避难所的具体情况。另外，狗狗在避难期间可能会倍感压力，身体容易出现状况，应该勤于确认狗狗的健康状态。

第五章 必要的调教和训练

调教和训练，是为了守护爱犬的健康和安全，让彼此都能过上幸福的生活。

调教会成功吗?

不论对狗或对人而言，狗狗的教育都是大事。越是了解必须调教的事项，宠物主人就越会担心“自己真的能办得到吗？如果失败，会不会害狗狗变成问题狗狗？”。调教和训练，是为了让人和狗都能安全地生活，换句话说，目的就是要让狗狗变得幸福。目前，调教的主流做法是做对了就表扬狗狗。甚至有人说，过往那种以责骂来驯服的方式，对狗狗有害无益。包括根据行为学建立而成的调教方法等，在这个时代，我们可以用更体贴的方式来调教狗狗。

安妮和贝利是设施犬。所谓设施犬，是指经过专业培训，在医院等设施中常驻服务的狗狗。接受过设施犬互动特训、具有护士资格的专业领犬员（Handler），会跟设施犬组队一起值勤。贝利（P82图右）是日本第一只设施犬，从2010年值勤至2018年。安妮（P82图左）和领犬员森田优子小姐，则一同常驻于神奈川县立儿童医疗中心。设施犬时常造访医院，不仅是短时间与病患接触，它每天都会值勤，跟与疾病作斗争的患者们互动交流、陪同检查及前往手术室、支援复健等，给予住院治疗的孩子们身心上的鼓励。

一起学习，共同奔向幸福

即使主人发火，狗狗也无法停下

狗狗是群体行动的动物。宠物主人跟狗狗既是家人，同时也是同一群体中的伙伴。狗狗出于动物的本能，会想要守护群体及其地盘。另外，狗狗会在狩猎本能下追逐移动的物体，也会挖洞。这些源自本能的行为，光是靠斥责“不可以”是无法制止的。如果不了解狗狗的生活状态，只是一味限制狗狗的行动或责备它，就无法将狗狗教好。

既然是一家人，为了让宠物主人与狗狗都能安全、安心地共同生活，还是需要制定一些规则。要让狗狗记住这些规则，就必须调教和训练它。狗狗的大脑很聪明，只要表扬它、给予它奖励，在反复教导的过程中，狗狗就能学会许许多多的事情，甚至会感到很快乐。在这之中并没有“一定要怎样”的规矩，只需要配合家中的情况制定规则即可。调教、训练的方法，会在后续的篇幅中进行解说。当然，我们要明白狗狗无法停下某些出于本能的行为。

对狗狗也要进行“自我肯定”训练

所谓“自我肯定”，意味着重视自身和对方感受的自我表达。在商务场合，“自我肯定沟通”是一种让沟通更为圆滑的技巧，有助于在彼此尊重的状态下互相交换意见。因此“自我肯定”训练如今正备受瞩目。这种人与人之间的沟通技巧，也可以应用在人与动物之间。在与狗狗的关系之中，重视对方的感受、想贴近对方的心情同样非常重要。

狗狗不会说话，但是会通过行为举止表达出“希望有人了解自己”“想被关注”“想被理解”的心情，这对狗狗而言是很重要的沟通方式。应留意狗狗的自我表达，并做出反应（对狗狗说话）。狗狗同样会解读人类的自我表达，并做出反应。这样一来，双方都会产生满足的情绪。如果希望爱犬做出自我表达，诀窍是经常对它说话、与它交流。在持续“表达至受到理解”的过程中，就能够提升狗狗的表达能力，狗狗也能解读主人的心情。

让全家人感情和睦、安心地生活

对我们而言，狗狗是家庭中的一份子，狗狗也会把我们视为家人。
彼此体贴对方，建立起家中的规范，一起学习吧！

借由训练变幸福

有些人应该也听过“驯养训练”（Husbandry Training）一词，如同字面，这是促使动物积极采取某种行动的一种训练方式。通过特定的暗号，让动物移动到其他位置以便清扫、让动物伸出手臂以便抽血等，在动物园、水族馆，皆已成功施行这类训练。既然是由动物自行采取动作，代表动物行为在当下并不会感到痛苦。除了能够流畅地进行照护、治疗之外，由于动物不会对该行为产生压力，因此称得上是非常温柔的训练方法。

这种方法对家中的狗狗同样有效，在各种层面上，驯养训练都能派上用场。方法就是要让动物记住“只要做出某种行动就会发生好事”，换句话说，就是会有奖励。除了训练零食与大量的表扬之外，能够与主人一起感到开心，对狗狗来说也是很棒的奖励。具体的做法将在下一页进行解说。

表扬使我进步

在欢乐中调教

近50年来，狗狗都仍具有强烈的看家护院性质。一般都会养在庭院里，也有家庭会选择放养。不过随着社会发展，室内饲养渐渐成为主流，人们对于品种的讲究、调教的本质也开始有了变化。

狗狗行为学已经阐明，“批评式”教育会有负面效果，“表扬式”教育则有正面效果。狗狗受到表扬会非常欢喜，只要发现采取某种行为会有好事发生，就会更常做出该种行为。对狗狗而言的好事即是吃东西。不过，只靠奖励建立的关系，无论是我们或者狗狗，最终都会感到寂寞、无奈。

目标是获得奖励吗?

调教是通过“操作制约”，即通过“奖励”这样的报酬来引发行为，最后则会转变为“古典制约”，就算没有报酬，也能够在信任关系之下付诸行动。狗狗原本就不是因为渴望获得报酬才做出行动，因此这个转变会比较快。

举例而言，“握手”就是属于“操作制约”促成的行为，是借由报酬来引发行动。不过狗狗并不是因为渴望报酬才做出行动，只是希望主人感到开心而已，因此到了最后，就算没有报酬狗狗也会握手。这份强化出自“古典制约”，能够孕育出坚定的信任关系。过去的调教重点都在于建立主从关系上，如今则以获得狗狗的信任为主。比起斥责批评，在表扬中学习，这种训练方式能让双方都更加幸福快乐。

状况不佳也别着急

一般而言，调教和训练最好在14周龄之前的社会化时期进行。如果要收养已经成长到一定程度的收容犬，一般所说的调教方式有可能会不顺利。就算发生这种情况，只要体贴狗狗的心情，慢慢花时间的话，还是有可能一项一项地完成。也可以参考专家的建议。

狗狗的心情与调教模式

狗狗的行为①	发生的事情	狗狗的心情	狗狗的行为②	未来的行为
成功在厕所小便	被表扬了	发生好事了！（正面强化）	增加①的行为	学会上厕所
乱翻垃圾桶	很好吃			以后继续翻垃圾桶
朝着走廊的脚步声吠叫	脚步声消失了	讨厌的事情消失了！（负面强化）		听到脚步声就吠叫
扑向陌生的狗狗	对方逃跑了			看到讨厌的狗就扑上去
爬到桌子上	被制止“喂！”	发生讨厌的事情了……（负面弱化）	减少①的行为	不再爬到桌子上
被呼唤所以走了过去	被剪指甲			被呼唤也不过去
咬了宠物主人的手	游戏结束了	好事消失了……（正面弱化）		不再咬人
想吃饭而吠叫	主人移开了目光			不再催促

行为心理学的“操作制约”理论，是指动物会顺应赏罚采取自发性的行为。试着把它套用在狗狗的调教方式后，流程如上表。发生好事（正面）、减少坏事（负面）时，行为就会被强化（增加）；发生坏事、减少好事时，其行为则会被弱化（减少）。只要灵活搭配这些效果，就能让狗狗记住我们期望它们做的事，以及不期望它们做的事。

凝视着眼睛表扬，对狗狗也是非常棒的奖励。

会做的事情变多了，好开心！

调教和训练的差异

所谓的调教，是教会狗狗就算没有指令，也能自发采取从属行动。与此相对，训练则是教狗狗按照指令行动。据说唯有完成调教后，才有可能进行训练。

为了避免狗狗在生活中对人造成麻烦，必须得通过“调教”让狗狗学会规矩。举例而言，不能咬人、不能随便吠叫、不能扑上前去、摸身体也不生气、在便盆里面排泄等，为了健健康康地共同生活，狗狗一定要学会这些规矩。

“训练”的目标，则包括呼喊时就会进入狗笼、听懂“停”“过来”等指令，让狗狗变得能够按照指令采取行动。虽然应该要训练狗狗这些最基本的事情，但像是时间太长而毫无意义的“停”、叫狗狗把球咬过来等，这类并非安全生活所必需的训练，则应该要用接近休闲的放松心态来练习。

此外，为了能彼此传达心情，让彼此的眼神接触也是应该让狗狗先学会的行为。

有些事情狗狗很快就能学会，有些事情则是必须耐心教导才能做得到。有时候也可能会碰壁，不用担心，让狗狗一点一滴地进步就可以了。

互相传达心情的“眼神接触”

这是调教中的基本行为，旨在让狗狗将注意力放在宠物主人身上。呼喊名字时狗狗如果转过头来，就给予奖励；如果视线对上，就给予奖励。学会眼神接触后，在想让狗狗停下某种行为或是平静下来的时候，也能派上用场。此外，狗狗可以辨认出人类的笑容，因此在眼神接触时露出笑容，狗狗就会很开心。

要让狗狗学会这些事情

在便盆里排泄

刚开始的时候，先用围栏围出便盆的范围，抓准时机将狗狗放入，待狗狗成功排泄后就表扬，并给予零食。反复数次之后，狗狗就会记住。狗狗经常会在餐后、玩耍结束时排泄，可别错过这些绝佳时机。能顺利办到之后，就可以拿掉围栏了。

进入宠物笼

要让狗狗明白，宠物笼是安心又舒适的“个人空间”。要一边跟狗狗说“进笼子”，一边诱导狗狗。刚开始时也可以利用零食。不分青红皂白地塞入、关进去当惩罚，都是不好的做法。当狗狗觉得这是个好地方后，就算没有听见指示，在它想睡、想放松休息时，就会自己钻到笼子里。

停下

为了压抑兴奋的狗狗，或是回避危险，务必要让狗狗学会“停下”。在坐下的状态发出“停”的指示，刚开始时如果能静待1~2秒，就发出“好”的解除指令，给予表扬和奖励。接着再逐渐拉长时间，让狗狗能够停住大约10秒。

过来

这同样是回避危险时不可或缺的口令。最理想的状态是即使狗狗受到某种事物的强烈吸引，只要听到口令就会回到宠物主人身旁。先在“停”的状态下跟狗狗拉开短短的距离，接着喊出“过来”。如果狗狗跑过来了，就喂零食，再反复操作慢慢拉开距离，狗狗就能听懂这个口令。

不擅长的事情，不一定要克服？

不擅长就是不擅长

就如同人类一样，狗狗也会有自己的个性。每只狗狗的性格不可能一模一样，能力也不尽相同。只要找出狗狗擅长、不擅长的事情，发挥它的特长，狗狗就能生活得自由自在。警犬、导盲犬之所以会在成长期选拔，也是为了要判断狗狗的个性。

受性格或是个性影响，狗狗也会有不擅长的事情，被关在围栏里、被人抚摸、穿衣服、刷牙、梳毛、洗澡……强迫狗狗适应它不擅长的事只会造成负面效果。如果强制狗狗去做，狗狗就会变得更加厌恶，严重时甚至会破坏信任关系。应认清狗狗不擅长的事情，并协助狗狗发展它办得到的事情。如果狗狗无论如何都很讨厌梳毛或是洗澡，就交由专家处理；狗狗不爱穿衣服就不给穿等，宠物主人也必须要学会释怀。

如果狗狗讨厌梳毛，却很爱被主人摸，可以试着换成触感像在被摸的毛梳等，将不擅长和擅长的要素结合起来，效果也会很好。像这样稍微用点心，或许就能找出狗狗跟宠物主人都能舒适生活的方法。

慢慢习惯就好了

不少狗狗都会害怕发出很大的声音、动来动去的物体或吸尘器。
请使用训练零食，让狗狗了解这些东西就算在近处，也不用害怕。

照片中既有讨厌散步的狗狗，也有讨厌其他狗狗的狗狗。
为了健康，希望能让狗狗爱上散步。

放任不擅长，安全吗？

虽说如此，不擅长的事情也可能会导致不幸。如果狗狗害怕吸尘器，一使用吸尘器就吠叫或是害怕，就算我们不以为意，但如果是每逢使用吸尘器时，狗狗就会产生压力，那也太可怜了。另外，每次看见陌生人就吠叫亦是如此。姑且不论嫌吵这件事，狗狗也会感到压力。为了减轻狗狗的压力，这类不擅长的事情最好还是要克服掉。

生活中使用吸尘器或是访客等是无法避免的，所以有必要培养狗狗的耐性。

不擅长是可以克服的

这类不擅长的事情，相信只要一边给予奖励，一边让狗狗慢慢习惯，多半都能克服。要调教到什么程度，就按照各自的家庭状况来制定规矩。如果狗狗不幸福、对他人造成困扰，就要帮助狗狗克服这些事。

为什么狗狗会出现这些行为呢？只要站在狗狗的立场来思考，就能找出蛛丝马迹。克服恐惧的流程如下：对吸尘器吠叫→因为害怕→让狗狗知道吸尘器并不可怕→为此就要让狗狗体验“只要吸尘器出场就会发生好事（训练零食等）”。

好希望能交到朋友

狗狗是友好的动物

狗狗是从一万多年前就跟人类一起生活至今的动物。它非常擅长与人类共同生活。由于狗狗的祖先是狼，因此一般认为狗狗也有群居习性，但现代的狗狗大多喜欢跟宠物主人一对一交流，类似幼儿跟母亲的母子关系。

其中也有些狗狗看起来好像不喜欢人类，但这都是有原因的。诸如曾经因为某些事而感到恐惧，或有被抛弃、被虐待等经历，才会觉得人类很可怕，丧失信任感。不过即使是这样的狗狗，如果能再次受到呵护，仍然可以跟人类拉近距离。狗狗跟人是可以建立起信任关系的。

虐待是狗狗的地狱

面对虐待动物的行为，我们绝不可以袖手旁观，甚至应该加强监视。虐待动物是一种行为障碍。除了刻意虐待之外，有些案例则是因饲养多只动物等缘故，无法给所有动物提供妥善的照护。如果发现虐待行为，就必须联络相关单位，但这该由谁来判断并联络呢？我认为现在已经到了有必要由动物保护法执行机构设置动物警察的时候了。交给普通市民去判断并不是一劳永逸的做法。

狗狗也能跟同类或是其他的动物相处融洽。如果居住环境、经济能力等条件许可的话，饲养多只狗狗也会非常欢乐。看到狗狗们玩耍的模样，不只宠物主人会感到治愈，狗狗跟同伴们玩耍也能够缓解压力。不过这也有缺点，狗狗们可能会争夺宠物主人的关爱、抢地盘、吃醋或吵架等。

狗狗活动区，我来了！

所谓的狗狗活动区，是狗狗专用的活动空间，在宠物主人的看管下，可以放开牵绳任狗狗玩耍。狗狗活动区通常在公园一角，或是有的狗狗咖啡厅亦会附设室内的狗狗活动区。这对狗狗来说是极具刺激性的场所，可以体验到不同于散步的解放感。看见狗狗自由自在地奔跑的模样，宠物主人也会很开心。而且狗狗能交到同类朋友，宠物主人们能交到狗友，同样也是件乐事。如果是怕生的狗狗，就不需要勉强它们去交朋友，仅是可以在里面跑来跑去就已经非常快乐了。

狗狗活动区也是狗狗们的社交场合，必须遵守该设施的利用规则，才能好好享受。一般而言，应注意以下几点：

① 别让爱犬离开主人的视线范围。一定要避免狗狗逃跑或是攻击人、狗等。不论受伤或害别人受伤，都会很麻烦。

② 爱犬必须经过社会化训练。如果不懂得如何跟其他狗狗接触，会很危险。

③ 不要让带有寄生虫和感染病的狗狗进入。要先接种疫苗，完成除蚤、除螨措施。

④ 必须学会“停下来”、叫了会回来，以及“坐下”“趴下”等压抑兴奋的指令。

⑤ 预先排泄完毕再入场。

⑥ 清理排泄物的水、狗狗拾便袋、牵绳和项圈、步行辅助带、预防注射证明标示牌，都要带在身边。

⑦ 正值发情期的母狗不可进入。不然，其他公狗会兴奋。

⑧ 尽可能别带食物进入。当然不可以随意喂食陌生的狗狗，即使是喂食自家狗狗，也容易与周遭的狗狗产生纠纷，因此要多加留意。

⑨ 进出时要打招呼。开关门扉时，要充分注意内部狗狗的动向。

⑩ 先确认是否有个性不合的狗狗，再解开牵绳。

⑪ 不要勉强。如果自家狗狗不适应其他狗狗或辽阔的场地，就在能接受的范围内玩耍。

狗狗跟同类玩耍，又开心又能产生刺激。在一旁看着的人也会感到很快乐。狗狗非常友善，有些狗狗还能跟猫咪、小鸟感情和睦地生活在一起。

• 照片沙龙

形影不离

会带我去哪里呢？

终于抵达目的地啦！

一片雪白，好冰爽！

我绝
对要跟你
一起去。

这种程度，
小菜一碟！

喜欢的
咖啡厅，也
要一起去。

狗狗医生的烦恼咨询室　3

狗狗烦恼之搞笑问答

烦恼咨询　其一

“我每次吃东西总掉得满地都是。主人说我这是“问题行为”，我该怎么办才好呢?”

在用餐期间咬住东西不放是与食物相关的攻击行为。吃得满地都是，则不算是问题。吃得津津有味，是肠道细菌均衡的最佳证据。

说到吃得满地都是，社区聚集活动如是。肠内元气满满，城内活力满满。

烦恼咨询　其二

“我一拿到好食物就会挖洞埋起来。最近，我老是忘记自己埋在哪里了。我该怎么样才能记住呢?”

挖洞行为是狗狗的重要习性。狗狗会将食物藏在土里，偶尔也会藏到床底下。这看起来是为了好好保管，其实也是一种消遣。过了一段时间，主人就会再喂餐食，所以也不需要拼命寻找。就这样，随着时间过去，任谁都会忘光光啦。

你这叫，『伯劳』型狗狗。

烦恼咨询 其三

“我们家里住着三只狗。除了我之外，都是公的。公狗，总是爱逞威风，不管吃饭还是跟主人打招呼，我都排在最后一个。我该怎么做才能变成第一呢?”

第一未必最棒，也未必永远都会是第一。不要勉强，关心生活才是最重要的。风水轮流转，一定会轮到你的。

不要以为，饭跟排名一直都会在。

烦恼咨询 其四

“当我跟主人对上眼，主人就会说‘你的心情都表现在眼上了’‘我看穿你了哟’。主人是真的懂我吗?我怎么觉得这是人类的误会呢?”

哪会那么简单就能理解对方的心情。说到解读非语言情感，还是狗狗比较擅长。

人类以为『看穿』了我们。事实上，在此之前，我们早就『看穿』你们人类了哟。

第六章 维持靓丽的外貌

身体上的不适，
会表现在毛发、皮肤、
眼睛光泽等处。
外观的美丽，
亦是健康的证明。

健康的狗狗最美丽

随着住在室内的狗狗增加，漂亮的狗狗越来越多了。有很大一部分人类想让爱犬“变得更可爱”，会在狗狗外观上下功夫，但在确认、维持健康的层面上，“美丽”同样事关紧要。狗狗毛发干燥或黏黏的，可能是营养不均衡或皮肤出了问题。指甲太长、刷牙不足，也会导致狗狗受伤或生病。如果每天在帮狗狗打理外观时都能触摸检查身体，就能察觉到狗狗的身体不适，而且可以促进分泌幸福激素，使人和狗都更加健康。

毛发有光泽，代表很健康

毛发护理营养先行

美丽的毛发是爱犬应有之物。只要狗狗足够健康，毛发就能常保美丽。重点在于餐食和毛发的打理上。食物必须含有优质的动物性蛋白质和脂肪（必需脂肪酸）。尤其建议要包含狗狗身体必需脂肪酸的 Omega-3 和 Omega-6。摄入有益于肠道环境的乳酸菌，效果同样也很好。

梳毛的好处

梳毛不仅能够促进狗狗的血液循环、增加美感，还能够让狗狗的心情放松下来。这也是跟爱犬的一种交流方式，打理爱犬的皮肤或毛发，亦能得知其全身的健康状态。

长毛的犬种容易形成毛团，可以通过日常梳毛来解决。

- **针梳：**在橡胶梳柄上安装“く”形针的梳子。便于解开缠绕在一起的毛发和毛团，适合双层毛的狗狗。
- **板梳：**针尖上有圆球，类似人类用的梳子。梳在皮肤上很舒适，非常适合整理毛流。
- **鬃毛梳：**以猪或山猪毛制成的梳子。可以整理毛发表面，梳出光泽。适合短毛品种。
- **橡胶梳：**橡胶制的梳子。不会弄伤皮肤，宠物主人可以安心使用。很适合用来清除掉毛。
- **发梳、扁梳：**金属制的梳子。要检查打结、毛团，或做细微打理时都可以派上用场。

当狗狗站着时，大约梳毛 10 分钟；呈横躺状态时，一般最多梳 20 分钟。

呵护毛发注意事项

饮食	食物	・含优质动物性蛋白质的食材 ・喂食优质的脂肪（必需脂肪酸）
	保健品	・Omega-3 和 Omega-6 等必需脂肪酸 ・以乳酸菌等改善肠道环境
打理	洗毛	・理想状态是每月 1~2 次，定期执行 ・冲洗干净，以低声吹风机吹干
	梳毛	・使用适合爱犬毛发的梳子 ・像在按摩般悉心梳理

打造漂亮毛发的洗毛技巧

身上沾染着脏污很不卫生，多余的皮脂和老废角质，都可能造成皮肤瘙痒和皮炎。狗狗也需要洗毛，但洗得过频会使皮肤和毛发的皮脂流失。虽然因环境而异，但是有报告指出，狗狗的毛发在洗后第 36 天时臭味最强烈。除了正在治疗皮肤的情况，刚好的频率应该是每个月洗 1 次毛。

狗狗洗毛精分成长毛用、除蚤防螨型、药用、有机等类别，要根据自己的目的进行选择。禁止使用人类用的洗发水给狗狗洗毛。

① 洗毛前要先梳毛，去除毛发表面的尘埃、泥土等脏污，顺便打开缠绕处。

② 将花洒喷头调成微温的热水，依序淋湿腰部→屁股→背部→胸部→脖子根部→头部→脸部，让脏污浮现。如果狗狗害怕，就要想办法消除水声。

③ 按照洗毛精标示的步骤，如有需要，取单次所需分量稀释后起泡，按照 ② 的顺序抹到身体上，轻轻地清洗。不要忘了脚趾缝。头部和脸部，要先将洗毛精放在手心起泡，再以抚触的方式轻轻清洗。

④ 全身洗完后，拿花洒喷头从身体高处依序冲掉洗毛精，脸部→头部→脖子根部→背部→胸部→前脚→肚子→屁股→后脚。头部和脸部也可以拿海绵蘸热水清洗。要用心冲洗干净，不要残留泡泡。

⑤ 用毛巾包着身体，尽可能擦掉水分。如果狗狗能在浴室内“甩甩毛发”，再好不过。

⑥ 用吹风机吹干。要尽量离身体远一点或者使用冷风，以免狗狗太热。

许多狗狗都不喜欢洗毛，因此在幼犬时期就要让狗狗习惯尤为重要。即使如此，有些狗狗还是很讨厌洗澡，连浴室都不想踏入。如果无论如何也不愿洗澡，也可以考虑平时先以微温的蒸毛巾擦拭身体，将正式的洗澡交由专家进行。另外，狗狗身体状况不佳的时候，也要避免洗澡。

各位竟然喜欢泡澡？会为了变漂亮而忍耐吗？泡太久会造成肌肤干燥，因此泡澡以每月 1 次为宜。

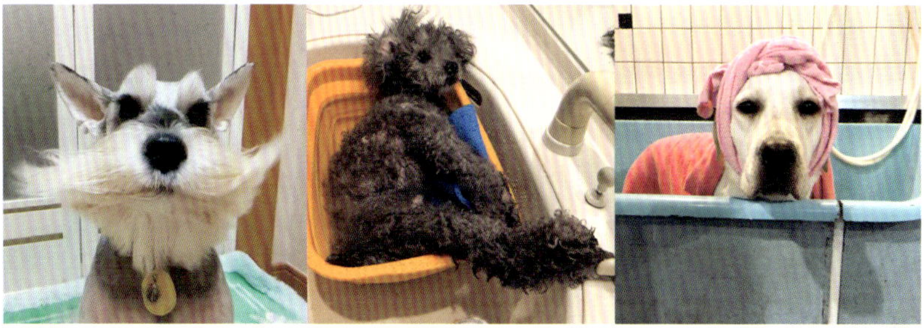

想让狗狗永远靓丽

让狗狗习惯照护

需要定期进行的照护，包括梳毛、刷牙（P137）、剪指甲、掏耳朵等。长毛犬种或者毛会持续生长的单层毛狗狗等，都需要修剪毛发。此外，还有散步后洗脚、餐后要清洁嘴巴周围等日常护理。想让狗狗习惯这类照护，理想的做法是从小时候就开始进行这类照护。从幼犬时期开始，要积极地进行身体接触，让狗狗习惯不论被摸到哪里都能泰然处之。

想顺利完成照护工作，重点在于让狗狗明白"做了这个就会有好事发生""这不是讨厌的事情"。绝对不能心急。幼犬时期是理解、吸收各类事物的阶段，如果初次体验时有好事发生（获得奖励或被表扬），狗狗接受的速度会比我们预想的快得多。

梳毛时，首先要让狗狗熟悉梳子。在狗狗对未知用具产生戒心之前，就要让狗狗理解，每当梳子靠近身体，就会有奖励。等狗狗放下戒备心后，下一步则是当梳子碰到身体就给予奖励，接着是稍微梳毛后就给奖励，像这样花上时间循序渐进。此时宠物主人如果能一边说着"好漂亮""变可爱了"等正向话语，狗狗就会觉得"梳毛就是开心的事情"，因此对着狗狗说话也很重要。

虽然也有些狗狗一下子就能轻松接受，但是对于大部分狗狗来讲，这不是一两天就能习惯的事情，主人要有足够的耐心，不能操之过急。其他照护也要用相同的方式，让狗狗慢慢接受。

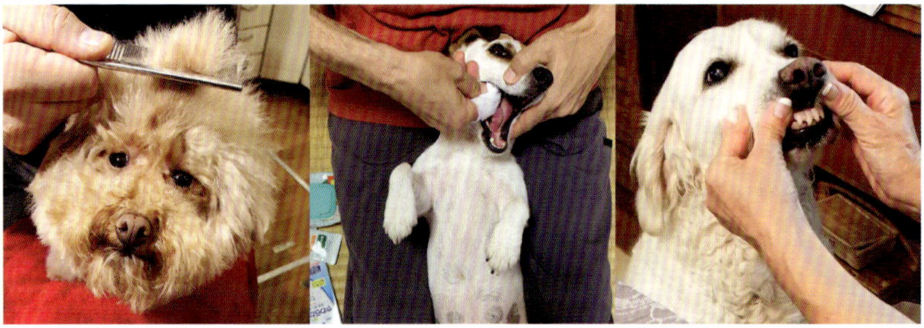

如果让狗狗觉得疼痛，它可能会变得讨厌照护。

在家可做的美容照护

委托专家自然可行，但只要掌握了诀窍，宠物主人也能在家中自己进行。
不过，不可以勉强为之。如果狗狗在过程中狂躁起来，很容易受伤。
最好是一边跟狗狗沟通交流，一边温柔、若无其事地进行操作。

剪指甲

狗狗的指甲中有血管分布，因此只能剪到血管前方位置。黑色指甲透不出血管的颜色，很容易剪到出血，因此要一次剪一点点。固定好手指，如右图分 3 次剪掉。如果指甲变得太长，血管也会延伸出来，会变得更难修剪。

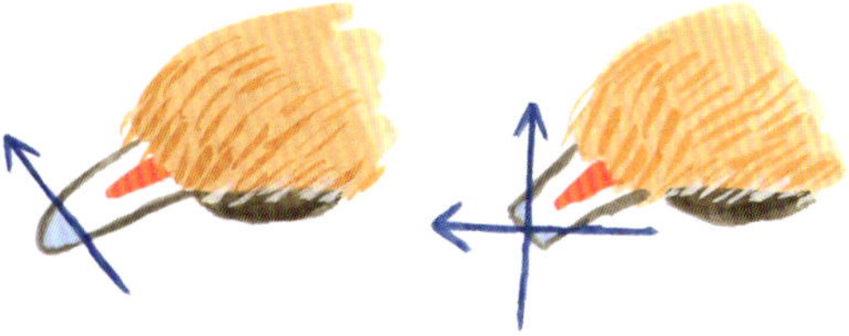

清理眼屎

眼屎大量分泌的时候，要用沾湿的棉片等，从眼头往眼尾的方向，顺着毛流轻轻地擦拭。如果已经干掉变硬，就用沾湿的棉片稍微敷一会儿，软后就会很好清理了。

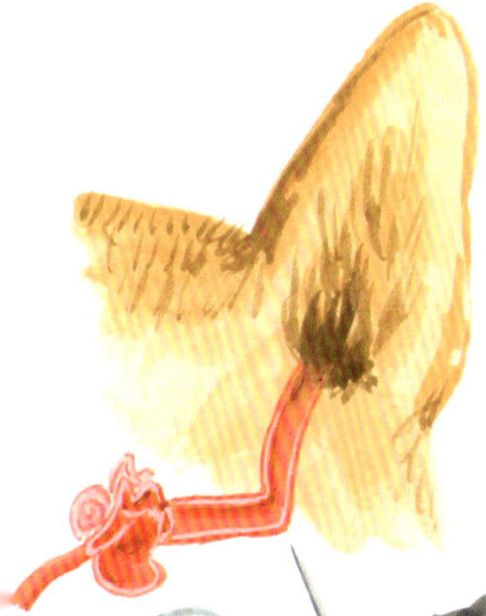

处理脚底的毛

脚底的毛太长，在木地板等处会很容易滑倒，非常危险。固定好狗狗的脚，将超出图中标示范围的毛修剪到可以看见肉球的程度。

掏耳朵

偶尔检查一下，如果没有大碍，几乎不需要掏耳朵。表面的脏污就用棉片轻轻擦拭即可。使用棉花棒很容易弄伤耳道，除非宠物主人非常熟悉处理手法，否则最好不要使用。

泡澡，是喜欢还是讨厌呢？

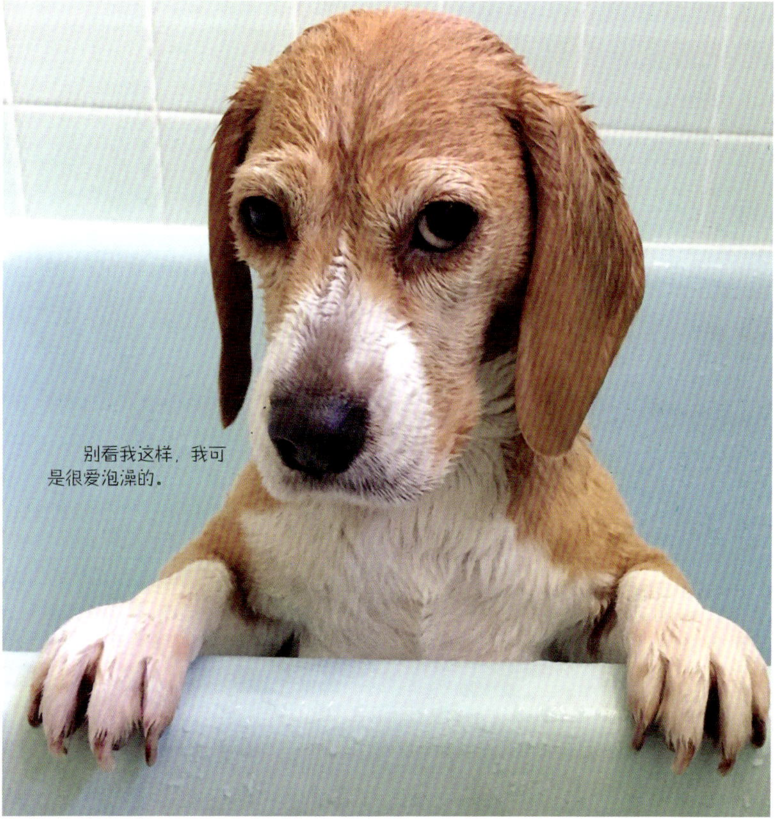

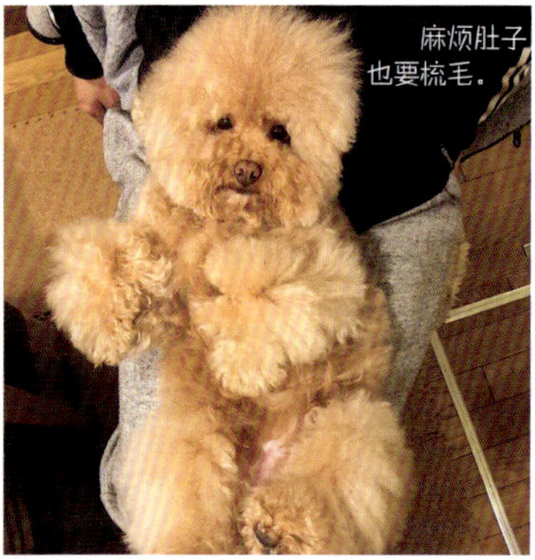

拜托，快点结束吧。

咦？这是我的毛吗？

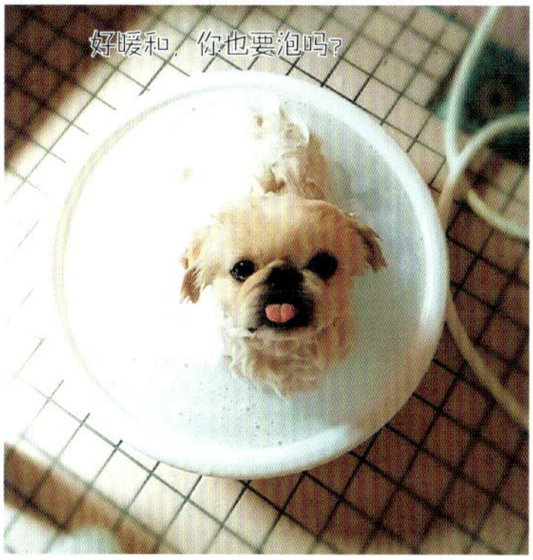
好暖和，你也要泡吗？

连肩膀都泡进去了。

好舒服啊。

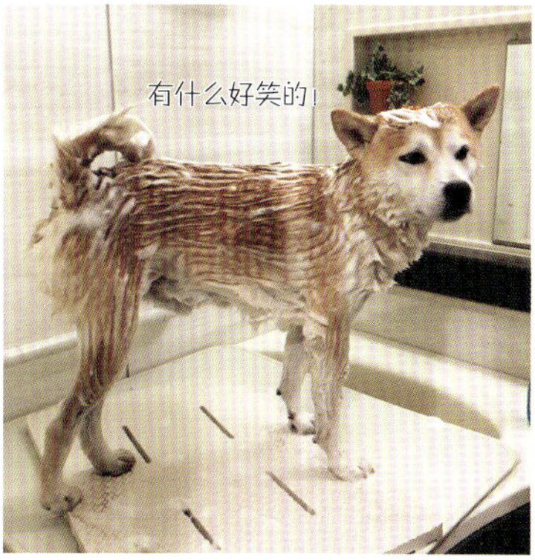
有什么好笑的！

按摩是最幸福的时光

按摩有提升自然治愈力的效果，跟爱犬接触，也能增进彼此的身心健康。

抚摸就是全身按摩

狗狗最喜欢一边撒娇，一边被抚摸。宠物主人也是一样，想让爱犬冲自己撒娇，也想让爱犬感到开心。狗狗被抚摸会觉得很舒服的部位，包括自己碰不到的下巴下方、耳后、眉间，还有从尾巴根部到腰部、肚子。抚摸这些地方，可以缓解紧张感。如果狗狗翻面露出肚子，就代表它在积极地撒娇。这时，就请温柔地抚摸它的肚子吧。

抚摸的诀窍，是用手心从肩膀和背部开始，让狗狗感到放心。狗狗不喜欢尾巴尖端被触碰，因此最好不要摸。另外，宠物主人应该以放松的心态与狗狗相处，如果宠物主人坐立难安，狗狗就会察觉到也会随之不开心。

如果了解淋巴的流动和穴道，
那么按摩效果会更好。

肉球按摩

狗狗的脚底每天处在负重状态。柔软的肉球容易受到刺激，而且还会流汗，因此容易脏也容易闷热。给狗狗按摩它的肉球吧。

前脚的肉球上有对心脏、大肠、小肠等内脏有益的穴道，后脚的肉球则有对胃、肝脏、胆囊、生殖器、膀胱有益的穴道。另外脚踝的附近也有许多穴道，如果能将周围都按一按，效果会更好。

按摩肉球必须在狗狗放松的时候进行。像是包起来一样用双手握住狗狗的脚，以两只手的大拇指指腹温柔地按压肉球。感觉就像要将肉球和手指按开那般，用揉捏的方式按压。最后涂上专用的保护乳液，就能够维持肉球的柔软。

每只脚约在 3 分钟内做完，如果狗狗不喜欢的话就不要勉强。一开始先从轻轻触碰开始，让狗狗慢慢习惯吧。如果狗狗觉得舒服，那么之后必定会爱上按摩。

为狗狗做肩颈按摩

狗狗身体的重心有六成都位于前方，由于经常抬头看着人类的脸，因此前脚的根部、胸部、脖子附近比人们预想的更容易变得僵硬。在碰触身体的时候，帮狗狗缓解肩颈的酸痛吧。

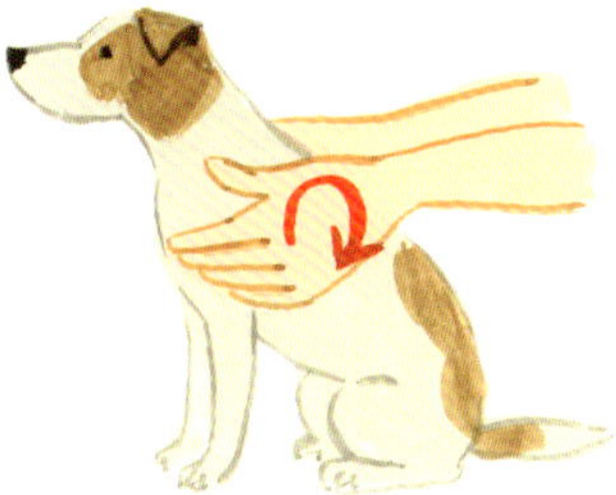

①抚摸肩胛骨

前脚根部靠近背部一侧肩膀的部分就是肩胛骨。用手心包覆此处，由前方朝后方画圈，要推动皮肤。

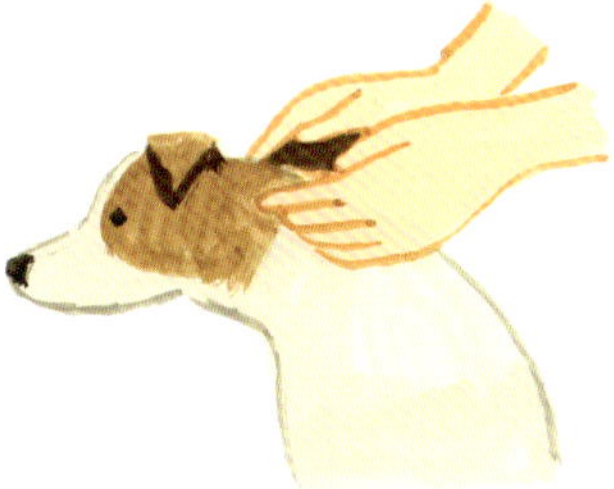

② 按摩后颈

并拢大拇指之外的4根手指，按摩后颈。不要太用力，用推动皮肤的方式，按摩从肩胛骨至耳朵后方的颈部筋络，来回10~20次。

③按摩胸部

接下来换成前脚根部的前侧，从胸部往肩胛骨的方向，用4根手指头画圈按摩。不能太用力，以推动皮肤的方式，来回10~20次。

④放松肩关节附近

捏起肩关节附近的皮肤，揉捏放松。轻轻捏住皮肤，拉起来后放手，在颈部至肩膀附近分成几处进行。共约10次。

根据症状认真按压穴道

狗狗就跟人类一样，也有经络和穴位。
穴位的位置和按压穴位的效果，也跟人类非常类似。
试着在放松时按一按穴位，帮助爱犬维持健康吧。

消除疲劳的穴位①
（劳宫穴）

此穴位位于前脚最大肉球的上侧（靠近手腕一侧），左右脚都有。按压此处可放松身心，缓解紧张及压力。这个穴位会促进循环器官发挥效用，改善血液环境，亦可促进增加循环全身的氧气量。

消除疲劳的穴位②
（涌泉穴）

此穴位位于后脚最大肉球的上侧（靠近脚跟一侧），左右脚都有。是能提振精神的穴位。按压劳宫穴和涌泉穴时，用拇指压着穴位，数 1、2、3 朝脚尖加压维持 3 秒。再数 1、2、3 慢慢放松力道。前后左右各做 20~30 次。

提升抵抗力的穴位
（命门穴）

此穴位的位置，是从最靠近屁股那一侧的肋骨的背骨起，往尾巴方向数第三根背骨的凸起处。可调整全身均衡、提升抵抗力。按压命门穴对缓解腰痛也很有帮助。用拇指或食指一次按压 5~10 秒，做 10~20 次。也可搭配用温毛巾热敷命门穴左右侧的肾俞穴。

按压穴位的基本方式

- 数 1、2、3 缓缓增加力道，维持 3~5 秒，再数 1、2、3 慢慢放松力道。
- 如果按摩者的手很冰冷，要先将手搓暖和后再进行。
- 大型犬、肌肉较多处的穴道要用拇指，小中型犬则使用食指。
- 一边观察狗狗的神情是否会疼痛，一边注意不要太用力。尤其是小型犬，只需轻压便足够了。
- 值得注意的是，不只狗狗，按摩者自己也要保持放松的心态。
- 狗狗的身体状况不佳、受伤、怀孕期间、空腹、用餐后，都应避免进行按压。

P107~108 参考来源:《狗的经穴按摩：预防疾病、元气加倍！》（石野孝、相泽玛娜 / 医道之日本社）

健康篇

健康篇

狗狗健康不可少

及早发现疾病的

7 条准则

明明每天都会见面，如果疏于交流，
可能会察觉不到爱犬的变化。留意微小的改变，
就能守护爱犬的健康。7 条准则让狗狗健康长久！

尽早察觉异于平常的情况

唯有身为家人的你，才能察觉爱犬的异常变化。为了使爱犬一直健健康康，早期发现疾病至关重要。

P138

湿鼻子代表很健康

鼻子的湿润或干燥状态、有无眼屎或口臭等，在一天之内也会出现变化。从眼、口、鼻等部位，都能得知爱犬的身体状况。

P118

想吃更多很正常

有食欲代表狗狗很健康。此外，要每天称体重，以便及早发现诸如明明都有吃却变瘦、吃太多而慢慢变胖等情况。

P126

通过眼神接触，觉察心情和身体的异常变化

狗狗是很少数能够通过眼神接触交流的动物。每天对望数次，就能留意到爱犬的心情和身体状况的变化。

P154

了解狗狗的出身，采取预防医学

各个犬种容易罹患的疾病都不同。先行了解就能在生活中多加留意。

P121

检查粪便、尿液是宠物主人每天必做的工作

健康状态会体现在排泄物中。如果排泄次数过多、颜色或形状有异样，或许就是疾病的征兆。

P144

触碰身体，确认匀称程度

身体接触，不仅能让人和狗狗双方都开心，也对确认健康状态有帮助。宠物主人应确认狗狗的体型变化和体温、身上是否长出异物等。

P124

第一章 健康管理与疾病预防

狗狗是我们深爱的家庭成员，
要养成预防疾病的习惯，
才能让狗狗常保健康。

别忘了每年 1 次的体检

狗狗在年轻时不太会生病，宠物主人或许会觉得："好像也不需要做体检。"不过，狗狗的 1 年相当于人类的 10 年左右，如果忽略了每年 1 次的体检，将意味着什么？这样一想就会明白，每年 1 次的体检有多重要。哪怕罹患了疾病，只要能早期发现、早期治疗，也就更有可能回归精神饱满的生活。如果能从幼犬时期就找好熟悉的医院，让医院掌握爱犬的完整情况，在各个方面就能更加令人放心。

动物医院是个好地方？

许多狗狗都不喜欢医院，
但定期体检一定要做！

定期体检成就预防医学

预防医学的意思是，不要等到生了病才治疗，而是尽量不要生病、维持不容易生病的身体，从而保持健康。这种思维在人类医学中也非常受到关注。预防医学可分成数个阶段。

初级预防：健康期间仍需在生活中预防疾病，以期达到未病先防和无病的状态。这是所有人都盼望的理想预防法。为此最重要的是减轻压力、从容生活。如此一来就能增进健康，使免疫力和代谢更加活跃，逐步打造出营养均衡的身体。

事先了解犬种的特征和弱点也很重要。例如，玩具贵宾犬、马尔济斯犬等狗狗的膝盖骨容易脱臼（P121），巴哥犬等短吻犬种容易有呼吸道疾病（P143），吉娃娃则容易罹患心脏疾病（P150）等。先了解遗传上的潜在风险（P121），就能拟定对策，达到预防的效果。

次级预防：指通过健康检查早期发现、早期治疗，防止疾病恶化。在防止疾病发展成重症的意义上，次级预防近年来变得越来越重要。如果可以找出疾病的起因，就能帮狗狗减轻甚至消除症状。另外，就算通过血液检查等途径发现了某种疾病，只要早期发现的话，都有可能掌握病因并予以排除。

三级预防：指的是重症被治愈后，

健康检查的主要项目

项目	幼龄期 未满 3 岁	成犬期 3~6 岁	中年期 7~10 岁	高龄期 11 岁以上	超高龄期
身体检查	○	○	○	○	○
血液常规检查	○	○	○	○	○
血液生化检查	○	○	○	○	○
尿液检查	○	○	○	○	○
粪便检查	○	○			
病毒抗体、过敏检查	○				
X 光检查（腹部、胸部）	○	○	○	○	
X 光检查（手肘、膝部）				○	
超声检查（心脏、腹部）			○	○	
SDMA（肾功能指标）			○	○	
果糖胺			○	○	
T4（甲状腺激素）				○	

让狗狗回归原本的生活状态。假如一直在住院，就要让狗狗恢复到能够出院。如果能在早期发现并进行适当的治疗，最终回归原本的生活，那就再好不过。之后亦要持续进行定期体检，预防狗狗的疾病复发。

定期体检的内容

每年 1 次的健康检查，是了解爱犬的健康状态、未来生活应注意事项的绝佳机会。在体检中会确认体重、体温、心搏数、呼吸次数，并且会进一步检查毛发、眼球、耳道、口腔和牙齿、牙龈，确认心脏杂音，进行腹部触诊，确认是否有肿瘤等。再加上血液检查和尿液检查，并视需要进行 X 光或超声检查，就能得知狗狗健康状态。

狗狗的血液检查

血液检查分成血常规检查和生化检查这两种，前者会测量红细胞、白细胞、血小板、血浆的量；后者会检查血液中所含蛋白质、糖类的量，确认内脏消化器官的功能。借此得知狗狗的营养状态以及内脏功能的状态。

大型犬从 7 岁起、中型以下犬则从满 8 岁开始，建议每年接受 1~2 次血液检查。超过 10 岁之后每年做 2 次，这样将有助于早期发现疾病。即使如此，仍然会有些疏漏的疾病。检查时除了检查结果，包括狗狗的症状、病况，甚至宠物主人的情况等，都要全面告知医生。如果有照片或视频等，就能更准确地传达相关情况。

血液检查的内容与项目的意义

狗狗的血液检查大致分成 5 个项目。

① 血常规检查：检查贫血、脱水状况。

WBC（白细胞）过高代表有发炎症状，过低代表免疫力低下。RBC（红细胞）过高是脱水，过低是贫血。PLT（血小板）过低，血液会难以凝固。

② 生化检查：检查内脏功能。

ALP（碱性磷酸酶）、AST（谷草转氨酶）、ALT（谷丙转氨酶）、γ-GTP（血清 γ-谷氨酰转肽酶），如果全部过高，代表肝脏功能有问题。BUN（尿素氮）、CREA（肌酐）过高，则代表肾功能低下，老年犬必须留意。GLU（血糖值）过高可能有糖尿病，过低可能是低血糖，幼犬必须留意。AMY（血清淀粉酶）、LIP（脂肪酶）过高，可能有胰腺炎。TG（甘油三酯）、CHOL（总胆固醇）过高为高血脂症，有减肥的必要。Ca、P 为代谢相关项目。

③ CRP（发炎指标）：数值会因肿瘤、感染性、免疫性等炎症而升高。

④ 抗体检测：通过狗用疫苗进行抗体效价检测。通过犬心丝状虫病检查工具进行抗原检测。

⑤ 痰液检查：在显微镜下确认细胞。

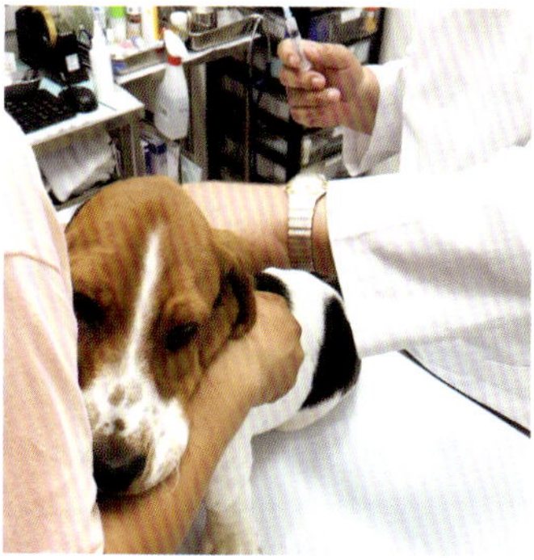

希望能找到好医生

希望能在家附近
找到值得信赖的医生。

好的兽医哪里找?

家庭医生的挑选标准，一般包括是否位于便于前往的地点；是否具有齐全的设备、丰富的知识及技术；兽医是否会站在宠物主人立场思考、与员工的配合是否默契；主人是否具有知情选择权（即在充分获得病情相关资讯后再选择治疗方法）和知情同意权（即在悉心说明下,充分得知情况再确认同意）；兽医是否擅长解读动物状况；医院内的清洁程度是否良好；能否帮忙介绍上一级医疗诊所（其后仍能回归同一个诊所）等。

近年来，是否能够进行检伤分类（在灾难等时刻，能够判断治疗的优先程度），也逐渐受到了重视。

问诊前先做好准备

如果有常去就诊的兽医，除了告知爱犬的品种、年龄，包括体质、身体状况、病历、性格、偏好等信息，应悉数告知医生，这一点非常重要。有责任传达这些信息的当然不是狗狗，而是身为宠物主人的你。如果狗狗的状况不佳，具体是怎样的状态，宠物主人要告知医生狗狗的食欲、粪便状态，如果有呕吐物、腹泻物，也可以携带照片或实体供医生判断。

另外，动作有异、咳嗽、癫痫发作等难以在诊所重现的状况，若能先拍成视频将非常有助于医生进行诊断。

跟经常就诊的兽医建立起良好的人际关系，能够聊狗狗的所有事情，是最理想的状态。

人们开始寻求“二级医疗”

一般的动物医院，几乎都是提供初级医疗的地区紧密型家庭医院。动物医疗照护原本有这些就已经很充分了，但随着时代的发展，已经慢慢出现更复杂的医疗需求。其中，对构建包含能够支援一般动物医院初级医疗的专科医院及二级医疗在内的医疗网络的需求增加了。人们开始寻求更专业、更深入的医疗服务，在动物医疗领域中，皮肤科、肿瘤科等的专科诊疗服务也在逐渐增加当中。

宠物主人必须代替患者（犬）正确传达症状。

接种疫苗的必要性

为了防止感染的风险，
记得要先接种。

疫苗是什么？

喝母乳长大的幼犬，会从狗妈妈身上获得移行抗体，从而对感染产生免疫。当这个移行抗体逐渐减少时，幼犬自身就能开始制造抗体。在这段抗体数量下降的期间，必须要接种疫苗，保护爱犬免于感染才行。

狗狗疫苗大致上可以分成所有狗狗都必须接种的“核心疫苗”，和根据感染的可能性、饲养环境等因素选择接种的“非核心疫苗”这两种。另外，狂犬病疫苗属于核心疫苗，依法有义务让狗狗接种。

该在何时接种疫苗？

出生后 8~16 周龄期间，从初乳获得的免疫力就会渐渐消退，此时便应该接种。基本上从出生 8 周龄以后，就必须以 4 周为间隔，接种 2 次。让最后一次接种在出生后 16 周龄时完成。没有喝初乳长大的幼犬，从出生 6 周龄起就要以 4 周为间隔开始接种。

核心疫苗在 1 年过后，要再打 1 次补强针，其后建议每 1~3 年接种 1 次。接种当天要安静地度过，因为接种后有 0.01%~0.03% 的概率会出现食欲不振、低烧等症状，或者是引发过敏性休克等副作用。

狗狗的疫苗类型

项目		单一	2合1	3合1	4合1	5合1	6合1	7合1	8合1
核心疫苗	狂犬病	○							
	犬瘟热		○	○	○	○	○	○	○
	犬传染性肝炎			○	○	○	○	○	○
	犬腺病毒第二型			○	○	○	○	○	○
	犬小病毒感染症		○			○	○	○	○
非核心疫苗	犬副流行性感冒				○	○	○	○	○
	犬冠状病毒感染症						○		○
	犬钩端螺旋体症							○	○

注：狂犬病疫苗每年要单独接种 1 次。其他则可依据感染的可能性、饲养环境等，从上列组合中选择。

在家中也能进行健康检查

身为宠物主人的你，必须察觉爱犬所有的微小变化。利用“狗狗健康不可少”单元介绍的检查方法，尽可能早期发现疾病吧。

“狗狗健康不可少”的检查方法

尽早察觉异于平常的情况：状态是否有异

狗狗有没有精神、有无异常的行为举止、呼吸是否急促等，宠物主人要确认狗狗的状态是否与平常不同。蜷起身子、抬着脚或拖着脚走路、突然汪汪吠叫、被触摸后展现攻击态度等，或许就是疼痛的征兆。

湿鼻子代表很健康：确认身体各部位

流鼻涕、产生大量眼屎、耳朵有气味、有口臭等，都是某种信息。狗鼻子的状态在 1 天之内也会有变化，某些时段可能偏干，但如果是极度干燥、皲裂，就要怀疑是发烧、脱水或皮肤疾病。此外也要确认指甲和肉球的状态。

想吃更多很正常：确认食欲

食欲是健康的晴雨表。狗狗有时会暴食一通，即使已经吃了适宜的食物量，也感觉不到“肚子已经饱了”。狗狗一直有食欲非常正常，代表着身体状况良好。

通过眼神接触，察觉心灵和身体的异常变化：解读征兆

狗狗会用眼神来表达心情。如果能每天通过眼神接触观察狗狗的状态，就能留意到细微的异常变化，发现狗狗的身体状况不佳。

了解狗狗的出身，践行预防医学：预先认识各品种的常见疾病

尤其是纯种犬，各个品种都有容易罹患的疾病。先行了解犬种的特征，将有益于预防这类疾病。当我们知道了狗狗的出身，就能进一步了解狗狗的体质和性格等。

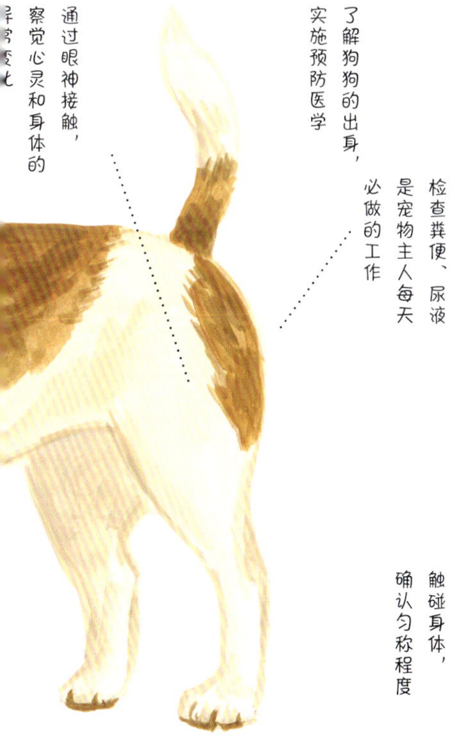

检查粪便、尿液是宠物主人每天必做的工作：确认颜色和次数

尿液除了次数和量之外，还必须确认颜色、气味是否异于平时。粪便也要确认次数、量和状态。吃食不同，量、颜色、气味都会改变，但是腹泻和血便则是不舒服的征兆。也要留意便秘。

同时也应确认体重

体重有无急剧增减，是否有肥胖的迹象，只要每天测量体重，再小的变化也能察觉出来。抱着狗狗站上体重计，再减去自身体重，是比较简单的方法。小型犬最好以 0.1g 为测量单位。

触碰身体确认匀称程度：在身体接触时进行触诊

确认狗狗的体型变化，是否有掉毛、毛团、皮炎、疣、皮屑、跳蚤、硬块、肿胀、疼痛的部位。触碰腋下或跨下来确认体温。每天触碰，就能察觉到体温较平常的高低变化。

偶尔要帮狗狗清理肛门腺

狗狗的肛门附近有肛门腺，会分泌气味强烈的肛门腺液。如果无法自行排出，过度积累可能导致肛门腺囊肿。因此最好学会挤肛门腺的方式，每月帮狗狗挤 1 次即可。也可以请医院和宠物沙龙协助清理。

狗狗有哪些常见疾病？

在这个时代，连狗狗都非常长寿，
疾病的类型也变多了。

长寿虽然值得喜悦

狗狗的寿命已经变得非常长了。这固然值得高兴，但进入高龄期后会发生的疾病也跟着增加了。以下是随着年龄增长容易发生的疾病：

- **糖尿病：**会有多喝多尿、急速变瘦等症状（P150）。
- **心脏病：**会有咳嗽、呼吸困难等症状（P150）。
- **肾脏病：**肾衰竭（P165）等。会有多喝多尿、呕吐、食欲不振等症状。
- **肿瘤：**乳腺肿瘤、恶性淋巴瘤、脂肪瘤等，都是恶性癌症（P134、P151）。
- **胰腺炎：**会因强烈腹痛采取拱背的姿势（P153）。
- **眼部疾病：**老年性白内障（P165）等。狗狗会变得不再玩耍，常常撞到家具等。
- **肌肉骨骼疾病：**会因疼痛而变得不想行走。
- **牙齿疾病：**牙周病（P137）等会导致严重口臭。
- **皮肤疾病：**因免疫力过低等原因，会引发感染（P133）。

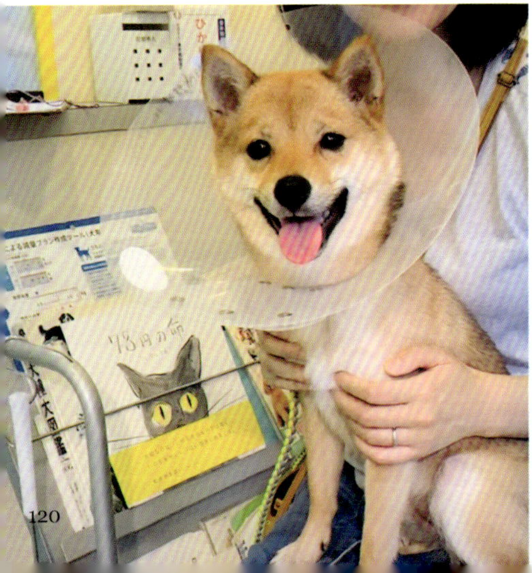

绝育、结扎可以预防疾病?

公狗结扎的好处是能大幅降低前列腺肥大、肛周肿块的发病概率。由于摘除了精囊，可以防止精囊肿瘤。另外如果是狗狗患有睾丸留在身体内的“隐睾症”，睾丸可能会化为肿瘤，因此建议最好要结扎。

母狗如果能在初次发情前就接受绝育手术，将可大幅降低恶性乳腺肿瘤的发病概率。即使在初次发情后接受手术，概率仍然能降低。由于摘除了子宫、卵巢、阴道，也不会罹患子宫蓄脓症。缺点是目前已经确认不论公狗或母狗，皆可能轻度增加罹患移行上皮癌、骨肉瘤、淋巴瘤、肥大细胞瘤等疾病的概率。

体质会跟狗妈妈很像吗？

可能会有遗传性疾病。

家中宝贝是否有遗传性疾病?

遗传性疾病，是由基因导致出生后就发病的疾病。多见于纯种犬，各品种容易罹患的疾病也各有不同。人们不断追求各品种标准的外形、特征，最后采取了近亲交配等方式，这是产生遗传疾病的主要因素。

繁殖者在繁殖前应检查是否有基因异常，包括如果亲代犬是带原者，就不要用于繁殖等，必须努力排除负面基因不让它遗传下去。不过，带原基因尚不明朗的疾病，也有可能检查不出来。

狗狗的遗传性疾病

目前已知狗狗的遗传性疾病多达约 500 种，其中大部分在幼犬时期就可以确认。

- **髋关节发育不全：**髋关节发育异常，处于容易脱臼的状态。70% 为遗传性，易发生于大型犬。
- **膝盖骨脱臼：**膝盖骨（髌骨）移位，后脚骨头和肌肉发生歪扭。易发生于小型犬，先天、后天都会发生。
- **水脑症：**1 岁之前会发现。几乎都是先天遗传性疾病。
- **癫痫：**突发性癫痫属于遗传性癫痫。

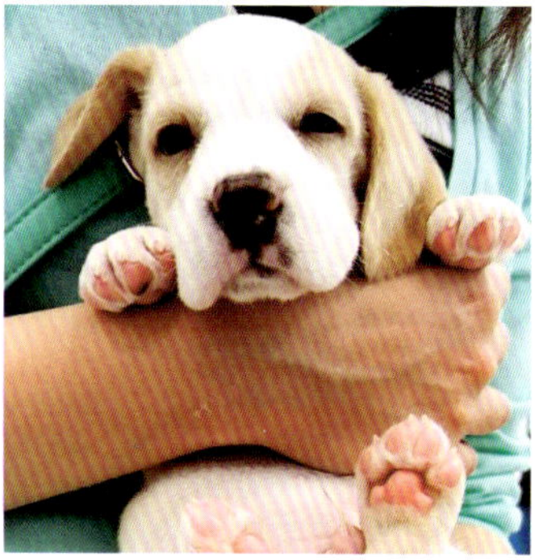

各犬种的遗传缺陷举例

・柴犬	**犬异位性皮炎：**参照 P132。 **GM1 神经节苷脂储积症：**1 岁即会出现神经症状或运动失调，有时数月内就会死亡
・边境牧羊犬	**神经元蜡样脂质褐质沉积症：**脂褐素沉积于脑细胞中，2~3 岁即会死亡，有时会被迫面临安乐死的选项
・巴哥犬 ・京巴犬 ・西施犬 等	**短吻犬呼吸道症候群：**易发生于短吻品种，会并发鼻道狭窄、软颚过长、气管塌陷等疾病
・威尔斯科基犬 ・德国牧羊犬 等	**变形性脊椎症：**脊椎变形，日渐难以步行，无法根治。可通过复健等方式减缓病情发展进程
・腊肠犬 ・法国斗牛犬 ・威尔斯科基犬 ・米格鲁猎兔犬 等	**椎间盘突出：**易发生于所谓的“软骨营养异常”犬种
・吉娃娃 ・蝴蝶犬 ・贵宾犬 ・约克夏梗犬 ・腊肠犬 等	**犬渐进性视网膜萎缩症（PRA）：**此疾病始于视力弱化，最终会发展成失明

有会传染的疾病吗？

有些感染症可能致死，
因此接种疫苗非常重要。

感染症很危险

感染症是因病毒、细菌进入体内所引发的疾病。也有寄生虫引起的感染症。某些感染症的致死率极高，也有某些感染症甚至会感染给其他动物和人类。感染症可通过接种疫苗来预防，就算感染了也只会出现轻症。

幼犬抵抗力很差，某些成犬容易治愈的感染症，如果是发生在幼犬身上，将有致命的危险。在完成疫苗接种之前，先别出门散步或跟其他狗狗接触，这些预防工作也很重要。

狗狗会罹患的感染症，大致上可以分成以下 3 个类型。

● **细菌病毒感染**：细菌、病毒进入体内增生导致发病。

· 犬细小病毒感染症：持续上吐下泻，有脱水症状，会逐渐衰弱，幼犬甚至可能在几个小时内死亡。是传染力极高的感染症。

· 犬瘟热：幼犬、老年犬的死亡率比较高，会有发高烧、精神差、食欲不振、腹泻、呕吐、眼屎、鼻涕等症状。

此外，还包括细菌性肠炎、犬冠状病毒感染症、犬窝咳等。

● **外部寄生虫**：附着在体表的寄生虫所引发的感染症。会产生过敏反应，或染上由寄生虫传播的疾病等。附着于狗狗身上的外部寄生虫，包括跳蚤、硬蜱、蠕形螨、恙螨、穿孔疥癣虫等，人类也可能会感染。

● **内部寄生虫**：因寄生虫寄生于体内所引发的感染症。

· 犬心丝状虫：感染媒介是蚊子，会寄生于心脏的右心室（P153）。

· 蛔虫：长度一般 4~20cm，从前许多幼犬皆有蛔虫，近来已减少。也可能混在粪便中排泄出来。

· 犬复孔绦虫：由约 1cm 的绦虫节片连接而成，以 15~50cm 的长度寄生。

· 球虫：寄生于肠道中，会让狗狗持续腹泻。投喂磺胺类药物数日可驱虫。

· 梨形鞭毛虫：寄生于肠道中，会让狗狗持续腹泻。经常是在繁殖场被感染，主要是通过抗体检测来进行确认。

狂犬病并非是走入历史的疾病

狂犬病是感染狂犬病毒所引发的疾病，据说致死率近 100%，包括人类在内的所有哺乳动物都会感染。

日本于 1955 年制定《狂犬病预防法》，建立了防疫体系。在日本，人类自 1954 年起，狗狗自 1956 年起，猫自 1957 年起，再也没有出现过狂犬病，成为消除狂犬病的国家。

但野生动物进入城市的新闻向来不绝于耳，在浣熊等野生动物不断增加的日本，狂犬病同样可能随时卷土重来。猫咪也是这样的。

要留意硬蜱的感染症

硬蜱（俗称壁虱子）是一种栖息在野外的寄生虫，会寄生在经过的生物上吸血。被叮咬后虽然不会马上发痒，却可能会引发贫血或过敏，更可怕的是叮咬所引发的感染症。下面列的是由硬蜱引发的 2 种感染症。

- **焦虫症**：名为焦虫的原生动物，在狗狗的红细胞内繁殖，并破坏红细胞。症状包括贫血、食欲不振、发烧等，若病情加重亦有死亡风险。
- **莱姆病**：此感染症是由称为伯氏疏螺旋体的细菌所引发，虽然成犬中也有不发病的案例，可是一旦发病，就会出现发烧、食欲不振、全身性痉挛、关节炎等症状。

硬蜱不仅栖息在山区，也会出没于公园草丛等处。在硬蜱活跃的季节，要用驱虫药来进行预防。常见做法是在夏季前夕到晚秋之间使用医院开的内服型或滴剂型的除蚤、除螨药。

如果造访了可能藏有蜱虫的地方，在返家后检查狗狗的身体很重要。在狗狗身上找到蜱虫时，不能拉扯取下，否则蜱虫的口器就会残留在体内，因此别自行处置，应带至医院。

认识人畜共患传染病

人畜共患传染病，是指人类和狗狗（动物）都会发病的感染症。人的感染症约有 1 700 种，其中约半数皆是人畜共患传染病，在日本国内已确认 40 种左右。狂犬病会从染病的狗狗传染给人类，其他像是巴斯德杆菌症、猫抓病、皮癣菌症、正棘球蚴病、跳蚤过敏性皮炎、犬咬二氧化碳嗜纤维菌感染症等，都是狗狗可能传播给人类的传染病。其中某些疾病狗狗虽然没有症状，但人类却会发病。只要避免过度深入的接触、避免狗狗抓咬，即可预防。

第二章 检查外表有无异状

变胖？变瘦？
毛发失去光泽？
当狗狗身体一旦出现问题，
肯定会在外观上显露出来。

别放过微小的变化

除体型变化之外，包括眼屎过多、掉毛或有皮屑、耳朵或嘴巴有气味等，当爱犬的情况异于平常时，总会让人担心不已。这有时是自然的生理现象，大多情况下没有任何问题，但也无法保证每次都必定如此。宠物主人不能认为是常见的情形就放任不管，至少要去医院接受一次检查看看，如果不是生病，那就可以安下心来。如果能事先了解狗狗的品种、体质所容易发生的症状，就能在日常生活中多加留意。

急速变瘦或变胖

现代狗狗尤其容易肥胖，要多加留意。

太胖太瘦都不好

现在是连狗狗都能够吃饱喝足的时代。从居家用品店到网店，到处都有出售狗粮，可以说现在是个完美的增肥环境。很遗憾的是，不得不说宠物主人对于狗狗过胖的危机感意识实在过低。过度肥胖自不必说，异常的消瘦亦是不健康的状态。遵守适宜的用餐量（P29）、进行适度运动，是维持健康的第一步。另外也有非常多的案例，是因喂食过多的零食而造成肥胖的。

触碰身体确认状态

运用狗狗的体型指标“体况评分标准”（Body Condition Score，BCS）即可轻松确认狗狗的肥胖程度（参照下表）。理想的 BCS 是 3，有以下 3 个判断要点。

① 触碰时可确认肋骨。

② 从上方观看，可确认腰部前侧变细的曲线。

③ 从侧面观看，腹部朝后脚方向上扬。

体况评分标准

BCS	体态	身材	体重	体脂肪	肋骨	腰部
1		消瘦	≤85%	≤5%	无脂肪包覆，可轻易触得	无皮下脂肪，骨骼结构浮出
2		体重不足	86%~94%	6%~14%	包覆极薄的脂肪，轻易触得	皮下脂肪极少，骨骼结构浮出
3		理想体重	95%~106%	15%~24%	包覆少少的脂肪，可触得	外观上轮廓平缓或略显厚实，在薄薄的皮下脂肪下方，可触得骨骼结构
4		体重过剩	25%-34%	107%~122%	包覆中间程度的脂肪，难以触得	骨骼外观上轮廓平缓或略显厚实，可勉强触得骨骼结构
5		肥胖	≥123%	≥35%	包覆厚厚的脂肪，非常难以触得	外观厚实，难以触得骨骼结构

注：理想体重之计算法是从上述体型说明及插图中，判断爱犬属于 BSC1~5 的哪一种，以目前的体重，除以推测爱犬所符合的百分数。

通常小型犬会在 1 岁时、大型犬会在 2 岁时达到该体型的适宜体重。将理想的体型拍成照片，持续记录体重的变化，之后会更容易知道“狗狗变胖或变瘦了”。

肥胖的风险

所谓肥胖，是指体脂肪超过适宜比例（15%）的状态。不同于肌肉饱满，会发展成圆滚滚的体型。肥胖将有引发各类疾病的风险。

① 体重对腿脚造成负担，导致关节、髋关节受伤。另外如迷你长毛腊肠犬等，会因肥胖导致椎间盘突出（P148）。

② 也可能引发糖尿病（P150），最终再怎么吃都会不断变瘦。治疗方面甚至需要每天注射胰岛素。摄入过多的碳水化合物、运动量不足也是原因之一。

③ 患有心脏病（P150）的狗狗如果过胖，就会导致病情恶化。在激烈运动时会引发呼吸紊乱、咳嗽、陷入呼吸困难，或是发生突然跌倒等情况。

过胖时可能患有的疾病

甲状腺功能低下症，是由于甲状腺自身的功能不足导致甲状腺素分泌变少所引发的疾病。常见于 7~8 岁的中型犬，会出现急速变胖使动作迟钝，发呆、皮肤干燥、色素沉淀等情形。

此外，如果觉得狗狗好像胖了，也有一些案例是因为累积胸水、腹水，或是水肿导致的情况，因此不能只靠体重增加来判断，宠物主人也要留意体型的变化。

过瘦时可能患有的疾病

罹患糖尿病后，不论吃多少东西仍会逐渐变瘦。最终将引发食欲不振、无精打采，如果陷入昏睡状态，甚至有可能会致死。糖尿病还会引发诸如白内障，细菌感染导致的皮肤病、膀胱炎、子宫蓄脓症等并发症。

库欣氏症候群（P131）的特征是多喝多尿，明明有食欲却逐渐变瘦。此疾病是引起糖尿病的主要原因，会使毛发稀疏、掉毛、皮肤变薄、腹部胀大。有时候也会因为治疗犬异位性皮炎等疾病，长期使用类固醇药剂，而引发相同的症状。

球虫、蛔虫等寄生虫感染，亦可能导致持续腹泻而变瘦。

今天早上也有眼屎

有时不必太担心眼屎。

如果出现眼屎

眼屎是附着于眼部的尘埃与皮脂腺分泌物凝固而成的生理性物质。透明、少量的眼屎属于正常，但如果呈现黄色、绿色或是大量分泌，就要怀疑是病毒或细菌感染，应去医院接受检查和治疗。另外如果是伴随鼻涕的话，则要怀疑是犬瘟热（P122）的初期症状，会大量出现偏黄的眼屎。如果免疫力充足，仅会有轻度的呼吸道症状，但幼犬和老年犬则需多加留意。

从眼屎所能判断的眼部疾病，包括以下几种：

- **结膜炎**：眼白充血变红，流泪，频频眨眼。如果只有单眼，可能是洗毛剂进入眼睛或受伤；如果双眼都这样，则可能是感染症或过敏。
- **角膜炎**：眼球表面的透明薄膜受伤，或因眼屎引起发炎的状态。会疼痛，所以眼睛会有点睁不开。
- **葡萄膜炎**：眼睛的葡萄膜感染病毒或细菌而发病。眼白会充血，并伴随大量的眼屎和强烈疼痛。
- **青光眼**：眼压升高，伴随着强烈的痛楚。分成遗传引发的原发性青光眼，以及因炎症引发的继发性青光眼。柴犬、西施犬等犬种比较容易发病。

狗狗也有干眼症

干眼症（干性角结膜炎）是因泪液分泌不足，使角膜呈现干燥状态，会导致眼睛充血，产生黄脓般的眼屎。恶化后会引发角膜溃疡。此外，某些自身免疫性疾病会使泪液量变少，也可能引发此病。治疗时会使用眼药、药膏等来补充泪液量。眼睑内翻、眼睑外翻等，由于眼睑形状所引发的干眼症，也可以通过整形手术来治疗。预防方式是要保持眼睛周围的清洁。眼睛大而凸的西施犬、巴哥犬等犬种比较容易患上此病。

你知道吗？据说大眼睛的孩子更容易罹患眼部疾病。

其他眼部疾病

以下是年轻狗狗也会发生的日常眼部疾病，只要掌握了知识就有办法预防。

- **眼睑内翻、外翻**：眼睑翻向内侧，或是翻向外侧的状态。可以通过外科手段矫正。
- **第三眼睑（瞬膜）腺体脱出（樱桃眼）**：瞬膜腺自眼睛内侧的瞬膜处脱出，肿胀发红，需施以外科处理。

发生眼部疾病时，为了避免角膜二次损伤，可能得先让狗狗配戴伊丽莎白项圈。但有些狗狗戴着伊丽莎白项圈会感到压力，因此记得要观察狗狗戴上后的情形。

影响容貌的泪痕

泪痕是一种俗称，即所谓的泪溢症或鼻泪管阻塞，眼头的毛因为泪水的成分而转变为红褐色的状态。起因是泪管过细、眼泪易阻塞、过敏、睫毛倒插等。常见于京巴犬、马尔济斯犬、玩具贵宾犬等，也有些狗狗是天生如此。

据说过量摄入高热量、高蛋白质的食物，也会引发泪管阻塞。此外亦有案例是因罹患干眼症，眼泪无法正常扩散才形成泪痕。将食物加水泡软或制作手工餐食，借此增加水分摄入量后，就会有所改善。

要消除已经变色的泪痕，可以用硼酸水清洗眼睛。另外，用棉片蘸取硼酸水，擦拭掉眼睛周围的污垢，防止病菌繁殖也是一种方法。苏打粉（碳酸氢钠）也有消除泪痕的效果。

如果前往医院可投以抗生素，或清洗鼻泪管。市面上有售相关的保健品，以及具有优异渗透力和清洗作用的清洁液及湿纸巾。在洗毛结束时，将眼睛周围完全弄干、擦拭干净，就可以逐渐改善。

有些狗狗戴着伊丽莎白项圈，
也完全不会在意。

当狗狗的刘海过长时，
帮狗狗将毛发绑起来，眼睛会比较舒服。

耳朵上好像有异味

耳朵臭臭，狗狗自己最痛苦。

甩头是耳炎的征兆

当狗狗耳朵的气味变得比平时强烈时，就要怀疑是不是耳内发炎。狗狗感觉到不对劲和瘙痒，就会大幅甩头，或是在地板、墙壁上磨蹭耳朵。从这些举动就可以察觉到耳炎。过度甩动头部的话，会使毛细血管破裂，可能引发耳朵软骨和皮肤间积血的耳血肿。此外，狗狗也可能因肿瘤和息肉等物体而一直在意耳朵，这种时候就要通过外科手术去除异物。

狗狗容易罹患外耳炎

如果发现狗狗耳朵上有恶臭、很介意耳朵、会去搔抓等情形，就要怀疑是外耳炎，即耳朵入口至耳膜之间的外耳道发炎了。当外耳的细菌等常在菌、霉菌等真菌增生时，就会引发狗狗极为常见的外耳炎。也可能是掏耳朵时受伤、洗毛或玩水时有水进入耳朵导致发炎。

由常在菌马拉色菌所引发的外耳炎，特征是会产生黑褐色具黏性、臭味的耳垢。垂耳的美国可卡犬、耳道毛量偏多的西施犬和玩具贵宾犬，罹患外耳炎的概率都很高。

当狗狗患有脂溢性皮炎、犬异位性皮炎时，患有外耳炎的概率也较高。

因感染耳疥虫所引发的炎症，称为耳疥虫症。0.3~0.5 mm 的耳疥虫会大量增生，它以外耳道的耳垢为食，或侵入耳道的表皮。由于伴随着强烈的瘙痒感，狗狗会一直甩头，并会甩出大量干燥的黑色耳垢。仔细观察，就可以发现其中有白色物体在蠕动。这种耳垢含有大量的卵，因此感染力很强，需要花数周的时间治疗。

去医院接受治疗时，会清洗耳朵，开些滴耳药。使用棉花棒等工具清理耳朵会有可能弄伤耳道，最好交由专业人士操作。

这种抖来抖去，不是因为耳朵痒哦！

近期掉毛严重

有些时期比较容易掉毛。

掉毛也有好坏之别

狗狗掉毛分成生理性掉毛和病理性掉毛。双层毛的犬种，冬天用毛会在春天时脱落，重新长出夏天用的毛；夏天用的毛则会在秋季时脱落，重新长出冬天用的毛。这只是季节性换毛而已。另一方面，因感染真菌、螨类等寄生虫所引发的皮炎（P133），同样会引发掉毛。

狗狗会长出夏毛和冬毛。

何谓病理性掉毛？

不同于皮炎，下面是因内分泌性疾病所引发的掉毛。

- **肾上腺皮质功能亢进症（库欣氏症候群）**：因激素皮质醇过度分泌所引起。毛会变细，但完全不会痒。除了掉毛以外，亦会出现皮肤发黑、多喝多尿、食欲异常增加等情况。有 10% 的概率会并发糖尿病。一般认为是狗狗高龄后容易罹患的疾病。易发生犬种包括贵宾犬、腊肠犬、约克夏梗犬等梗犬。
- **X 型秃毛症**：别称博美秃毛症，是易发生于博美犬的秃毛症。不会发痒，在头部和脚尖以外，可以看到左右对称的掉毛现象。使用抑制性激素分泌的药物治疗，有些狗狗可以重新长出毛，但大多会毕生都处于秃毛状态，因此必须穿衣服来保护皮肤。如果从 1 岁的时期开始，肩膀和屁股的毛就变稀疏、变短的话，就要去医院接受诊察。

压力引发的秃毛症

狗狗如果是感觉到压力，可能会舔舐或啃咬身体。如果出现湿润的圆形掉毛部位，说不定是狗狗的压力性秃毛症。原因包括环境变化、与同居动物合不来、缺乏交流等，有没有符合的情况呢？试着回忆一下跟狗狗的相处方式吧。

皮肤变红

有些皮炎无法根治，
但仍需致力于缓和、改善。

狗狗身上会发生的皮炎类型

如果出现皮肤发炎变红或起疹子等症状的话，就要怀疑是皮炎。除了皮肤的基本结构受到破坏、屏障功能变差导致皮肤发红之外，经常还会伴随着掉毛和瘙痒的症状。另外，也可以通过狗狗频繁地搔抓、舔舐等现象来察觉。

狗狗有很多种皮肤病，如果是皮肤较为脆弱，或是带有过敏体质，就很容易引发皮炎，其中也有一些案例难以根治。

将皮炎拒之门外

有一些皮炎，可以通过生活习惯来预防、改善。

① 改善饮食，增强免疫力。选择优质的动物性蛋白质或植物性蛋白质。

② 抗菌洗毛精可减少细菌增生；溶解角质型的洗毛精可减少皮屑和皮脂；保湿型洗毛精可以保湿；止痒型洗毛精可减缓瘙痒感……有各种方法可供选择，可以先请教专业人士后再挑选。药浴以每周最多 2 次为佳。

③ 用保健品补充 Omega-3 脂肪酸、鱼油、亚麻籽油、氨基酸、维生素、矿物质等。

过敏引发的皮炎

如果是对食物、家中尘埃、花粉等过敏，可能会以皮炎的形式出现。

- **犬异位性皮炎：**因对过敏原（引发过敏的物质）产生过度的免疫反应而发病，耳朵和脸部、指缝、腋下、腹部等处会发痒。舔舐或搔抓后，皮肤会变红或导致黑色素沉淀。代表性的过敏原包括螨、食物中的蛋白质等。会不会发病与遗传因素有关，体质上来说常见于柴犬、法国斗牛犬等。难以根治，但如果能找出过敏原，只要避开过敏原即可抑制发病。
- **食物过敏：**虽说状况不如异位性皮炎严重，但是对特定的食物会有过敏反应，皮肤会发红、瘙痒。同样只要找出过敏原就能避开。
- **跳蚤过敏性皮炎：**这种皮炎的过敏原是跳蚤的唾液，从后颈、背部到腰部与尾巴至肛门周围会掉毛及长红疹，奇痒无比。在通过外用或内服药品止痒的同时，如果使用医生开除蚤药的处方，会更容易解决。

细菌引发的皮炎

有些常在菌也是皮炎的起因。在狗狗的免疫力不佳时就会发病。

- **浅层脓皮症：**这种皮炎是由狗狗皮肤等处存在的葡萄球菌所引起的，葡萄球菌会在毛细孔中增生，导致起红疹，并伴随瘙痒、掉皮屑等症状。一般认为患有内科疾病的狗狗比较容易发病，另外因犬异位性皮炎等搔抓皮肤，抓破的部分也很容易发生感染。在高温潮湿的季节常在菌会增加，要多加注意。
- **马拉色菌皮炎：**马拉色菌是常见菌中的一种真菌（霉菌），会在皮肤表面增生，导致发红、瘙痒等症状。这种菌喜爱油脂，因此脂溢体质的狗狗较容易发生此种皮炎。

上述的症状皆可以通过止痒药物治疗，并用抗菌洗毛精或外用药物来抑制真菌繁殖，但特征是容易复发。

寄生虫引发的皮炎

被螨类等寄生虫叮咬所引发的皮炎。

- **犬疥癣虫症：**这是由犬穿孔疥癣虫叮咬所引起的皮炎，腹部会出现红色的颗粒，伴随皮屑和暂时性的强烈瘙痒。用驱虫药可以杀死疥癣虫，但疥癣虫也会移动到其他动物身上，如果是饲养多只狗狗，还是替所有的狗狗都驱虫会比较保险。
- **毛囊虫症：**遭毛囊虫（犬蠕形螨）叮咬所引发的皮炎，一般认为狗狗的毛细孔中本来就有毛囊虫常存。当毛囊虫增生后，就会使毛细孔发炎，长出红色的颗粒，掉毛。毛囊虫有极大的可能来自狗妈妈身上，在成犬之间不会传播。幼犬发病可能会自然痊愈，但很容易复发，这种时候就要用除虫药搭配内服药予以治疗。

长了肿块

上了年纪更容易发生。
有可能是恶性肿瘤，须多加留意。

狗狗经常长肿块

狗狗身体除了会发生皮炎、湿疹之外，也经常长出肿块。如果在狗狗体表发现肿块，就要判断是受伤、皮肤病还是肿瘤。如果是肿瘤，就必须判断是良性还是恶性。肿瘤除了疣状的肿块，亦可能以肿胀或硬块的形式出现。

湿疹或痘痘般的小颗粒、疮痂，首先应推断为皮炎。这可能是因为跳蚤或螨虫寄生、过敏引发的症状，或是感染脓皮症等所导致的炎症。脓液积累而肿胀的脓疡，同样是细菌感染所导致的炎症。另外，随着进入高龄期，狗狗的体表各处会长出 1~2 mm 的疣。这些疣如果是皮脂腺瘤、皮肤乳头瘤等，就没有关系。

长在皮肤上的良性肿块

狗狗皮肤常见的肿块，分成表皮肿块和皮下肿块。

- **表皮囊肿**：皮肤下方长出袋状的囊肿，是由皮脂、老废角质积累而成的良性肿块。常见于高龄的狗狗。放任不管会渐渐变大，也有可能会破裂，因此超过 1 cm 就要前往医院诊治。
- **脂肪瘤**：脂肪细胞增生后形成的硬块（脂肪的团块），属于良性肿瘤。常见于高龄的狗狗，母狗发生的概率较高。全身各处都会长。
- **组织细胞瘤**：圆圆胀起的良性肿瘤。常见于年轻的狗狗。大部分都会自然消失，但如果长得太大，也可能需要切除。
- **毛囊瘤**：皮肤会长出坚硬的瘤状物体，少数会引发炎症。

必须注意的肿块

当硬块长到 0.5 cm 以上时，就有可能是肿瘤。肿瘤可能是恶性也可能是良性，但就算是良性，有些肿瘤变大后可能会破裂，或是对生活造成障碍，更有些会病变成癌症，因此最好能做到早期发现。乳腺是狗狗肿瘤最常见的位置。此外，在体表、口腔内、肛门周围、耳道等处，也都可能发现肿瘤。

乳腺肿瘤是乳腺上长出硬块，良性、恶性各半。长在体表的脂肪细胞瘤、鳞状上皮细胞癌、腺癌等为恶性（P152）。在口腔内，则可能发生恶性黑色素瘤、鳞状上皮细胞癌、良性齿龈瘤等肿瘤。

为求早期发现

通过日常的身体碰触、梳毛，宠物主人能够轻易发现狗狗身上的肿块。长毛品种很难通过目视发现，因此经常碰触狗狗非常重要。许多肿瘤易发生于老年犬，所以应多加留意，即使发现小小的东西，也应该让狗狗接受检查。另外，各犬种会有各自较容易罹患的肿瘤。肿瘤亦可能在血液检查、X 光检查、超声检查等体检项目中发现。

如果肿块长在前腿等狗狗容易注意到的位置，狗狗可能会因为在意而去舔舐、搔抓、啃咬，如果血液或组织液流个不停，可能引发进一步恶化，因此有时必须佩戴伊丽莎白项圈。

肿块的处置方式

宠物主人很难判断肿块的类别，因此首先应该前往医院接受检查。医生会用细针抽取或部分切除的方式取出内部组织做病理检查，来检查肿瘤是良性还是恶性。即使是良性，为了避免转为恶性，最好还是切除。

治疗恶性肿瘤的方式，包括外科手术摘除肿瘤、放射治疗、服用抗癌药。该在何处接受何种治疗，最好要寻求第二家医生建议后，再选择自己能够接受的方式。

肿瘤的切除手术，用半导体激光治疗仪或二氧化碳激光治疗仪进行激光治疗，或者是激光局部凝固疗法等，较为有效且安全。无法摘除的肿瘤，也有针对局部施行温热疗法等选项。

触摸确认：乳腺肿瘤的触诊方式

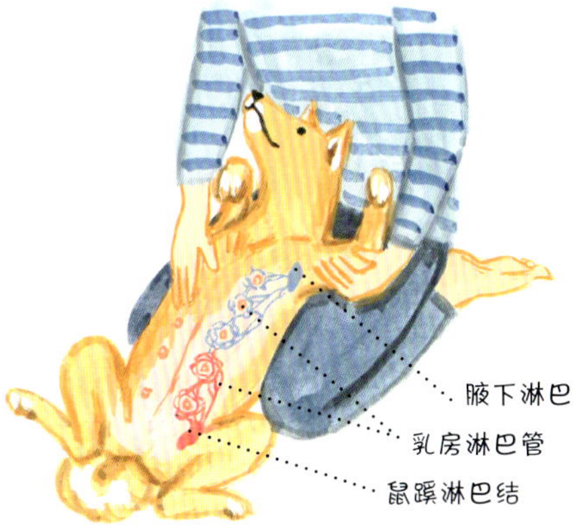

狗狗具备 4~6 对（大多为 5 对）乳头和乳腺，周边分布着复杂的乳房淋巴管。从靠头侧算起的 3 对（第 1~3 乳腺），以及从靠尾侧算起的 2 对（第 4~5 乳腺），分别由不同的淋巴结管理。请按下列方式触诊乳腺：

① 让狗狗仰躺，用双膝夹住固定。

② 以轻捏的方式按摩乳头周围（乳房淋巴管的区域会有乳腺）。

③ 接着，一路从胳肢窝内（腋下淋巴结）确认至腿的根部（鼠蹊淋巴结）。

④ 如果感觉皮下有硬块或不对劲，就要接受检查。最好是在 0.5~2.0 cm 大小时能够查出。

嘴巴似乎臭臭的

对于口腔问题来说，能事先预防才是上上策。须多加留意疾病的征兆，如难以进食、嘴巴发臭、流口水、搔抓嘴角、牙龈出血、牙齿松动、有牙垢或牙结石等症状，都可以帮助我们发现异样。

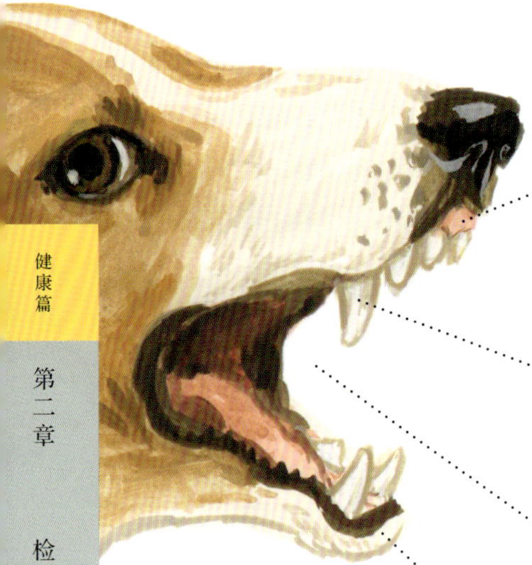

口腔内的检查项目

① 黏膜是否为漂亮的粉红色？

观察嘴唇周围的黏膜色泽。健康时是粉红色，偏白为贫血，偏黄则有可能是黄疸。口腔内也可能长肿瘤。

② 牙龈是否有肿胀、牙齿有没有松动？

观察牙龈、牙齿、舌头，是否有出血、肿胀、牙龈萎缩、牙垢积累、牙齿松动或缺牙。健康的牙齿是白色的，如有出血、肿胀，则有可能患有牙周病。牙龈萎缩是因为附着于牙齿上的牙垢和牙结石。牙齿松动或缺牙，如果是出生后4~7个月龄的幼犬，则换牙是正常状况；如果是成犬，则要怀疑是齿槽脓漏。

③ 有没有强烈的口臭？

打开狗狗的嘴巴，闻闻看是否有异样的臭味。如果有强烈口臭，就要怀疑是牙周病、口腔黏膜炎、内脏疾病。

④ 会不会一直流口水？

狗狗是否异常地一直流口水？除口腔内部异常外，也应怀疑是否是中毒、吞咽困难、中暑、癫痫、牙龈瘤。也可能是牙齿即将脱落、卡住异物等原因。

刷牙必须使用狗狗牙膏和牙刷。
有好好刷到后侧牙齿便可以了。

狗狗经常罹患牙周病

据说年过3岁的狗狗，有八成皆患有牙周病。牙垢是细菌的集合体，结合了唾液中的钙等物质后，钙化成为牙结石。如果置之不理，牙龈发炎会变成牙龈炎，恶化后则会变成牙周病。从牙龈炎到轻度的牙周病，牙龈会发红肿胀，刷牙时会看到出血。在这个阶段如果能每天正确刷牙，仍有改善的可能。

如果演变成牙结石几乎覆满牙齿、有强烈口臭、出现牙龈萎缩等情形，就要去医院接受治疗。在医院可以通过牙结石清除术来去除牙结石。治疗后狗狗解除了压力，食欲就会增加，也会变得平和安静。

如果是牙周病继续恶化，支撑着牙齿的骨头溶解，最后就会掉牙。此外，在发展到这个阶段之前，体内就已经吸收了非常大量的细菌群，因此对心脏、肾脏、肝脏等脏器也会造成影响。

让狗狗习惯刷牙的步骤

① 嘴巴碰触练习

许多狗狗不喜欢被碰到嘴巴一带。从刚开始饲养的时期起，就要利用食物、零食，让狗狗习惯嘴巴被碰触。

② 牙齿碰触练习

用手沾上芝士或酸奶让狗狗舔舐，等狗狗习惯之后逐步升级，先碰触前齿（门牙、犬齿），再慢慢往后碰到臼齿。可以做到之后就再次升级，改用牙膏取代芝士和酸奶。

③ 用牙刷刷牙练习

先将牙膏挤在牙刷上，让狗狗舔舐。在舔舐的过程中，用牙刷碰触牙齿。接着增加碰触牙齿的范围，让狗狗学会刷牙这件事。牙垢、牙结石容易附着在前臼齿和后臼齿上，因此要重点刷洗。牙龈和牙齿间的接缝处（牙周囊袋）也要清理干净。

小贴士

“做到就表扬”是一切训练的共通原则，也可以运用奖励品。如果狗狗不喜欢，就不要勉强，可以回到前一个阶段，或者是明天再挑战。目标是在出生半年内让狗狗能顺利适应刷牙。

预防牙周病

最好的预防方式，就是每天都要正确刷牙。为了预防牙周病，除了刷洗牙齿本体之外，保持牙周囊袋的清洁也是关键，亦可以定期赴医院进行清洁洗牙。虽然有些保健品含有可弱化牙周病菌的蛋黄粉成分，但没有任何方式可以替代刷牙。

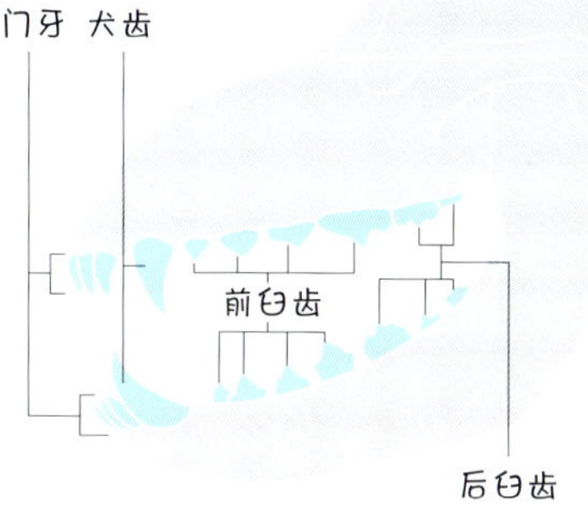

第三章 观察狗狗的行为举止

包括狗狗等各种动物，
都会出于本能，
刻意掩饰身体的不适。
因此有时候
难以察觉出其变化。

知晓正常就能察觉异常

腹泻、血尿等情况或许无法掩饰，但当狗狗企图掩饰身体状况不佳和疾病，行为举止中出现异常反应，就代表状况已经非常严重了。另一种可能则是，狗狗会忍痛，表现得像平常一样，导致疾病在未能察觉的情况下不断恶化。这样一来，要替狗狗把关疾病，将会非常困难。不过如果能掌握“爱犬的正常状态”，就能在触碰时察觉到异样感等微小的变化。

今天不想去散步

散步明明是狗狗每天最期待的事情。是不是哪里不舒服了？

狗狗的状态跟平时不一样

狗狗竟然想放弃最爱的散步，是不是哪里痛呢？是精神不好吗？还是一时任性呢？

当爱犬的状态异于平时，有可能是身体出问题了。除了放弃散步之外，没有食欲、睡个不停、莫名呻吟或过分撒娇等行为需被关注，不放过狗狗表现出的任何变化，是发觉狗狗不适的关键。虽然会很担心，但只要不是生病，其实狗狗想怎样都可以的！

今天就想这样子待在家里。

了解爱犬的正常状态

将爱犬的健康信息统一记录在笔记本等地方会比较好一些。整理每天的记录，即可掌握爱犬的“正常状态”。在发生突发状况时，日常的健康信息将会帮上大忙。另外，利用拍照、录视频做记录也很方便实用。

笔记本中要注明记录的日期，以及当天的检查结果。要确认饮食、体重、精神、食欲、散步情况、排泄物的状态。体表确认部分，则要触碰检查身体是否过热，有没有鼻涕、眼屎，毛发的光泽，皮肤表面是否有皮屑或瘙痒，牙龈颜色是否有变，是否有口臭或牙结石，耳朵是否有脏污或臭味等。

像这样积累数据之后，不仅容易确认每天的变化，在检查时也能派上用场。如果需要回顾以前的情况，比如找出体重开始增减的时间点、与餐食和排泄物是否有关系等，都会一清二楚。走路方式、行为、咳嗽、作呕、痉挛等情况，如果能够拍摄视频记录，也更方便对兽医进行说明。

脚痛难以行走

年纪到了膝盖就会痛。

容易发生的受伤情形

从脚痛所能推论的伤势，包括骨折、撞伤、脱臼、外伤等原因。玩具贵宾犬或意大利灵缇犬等细腿犬种容易骨折，因此要留意高处跳下等行为所引发的意外。可以从脚部变形、肿胀、走路似乎会痛或无法走路等步行的异常情况，来发现狗狗的伤势。

无论狗狗的体型大小，跳下时所造成的冲击等都可能导致脱臼。在疼痛痊愈后，也可能维持着脱臼状态过日子，因此宠物主人需要多加留意，以便尽早察觉。

老化会引起关节炎

狗狗也跟人类一样，会因软骨老化等引发关节炎。当软骨的缓冲性减少，骨头跟骨头之间摩擦，就会引发疼痛。迹象包括走路方式奇怪、不想走路等。软骨无法再生，因此关节炎很难完全治好，但如果是还能动的话，就要尽可能持续运动，维持住肌肉力量。肥胖会对关节造成负担，因此也有可能在年轻时就发病。

某些犬种容易引发腿部疼痛

玩具贵宾犬、吉娃娃等小型犬，经常会有膝盖骨脱臼的情况。膝盖骨往内侧错位，膝盖就会渐渐无法伸直。

猎犬类、德国牧羊犬等大型犬，经常会发现髋关节发育不全的问题。在出生后 1 岁之前经常发病，会出现后脚状态异常、扭着腰走路、侧坐等情况。

如果是在年轻时发生上述任何一种情形，最重要的是不可以限制狗狗运动，要让腰与脚充分成长。如果状况恶化，也可以通过外科方式处理。

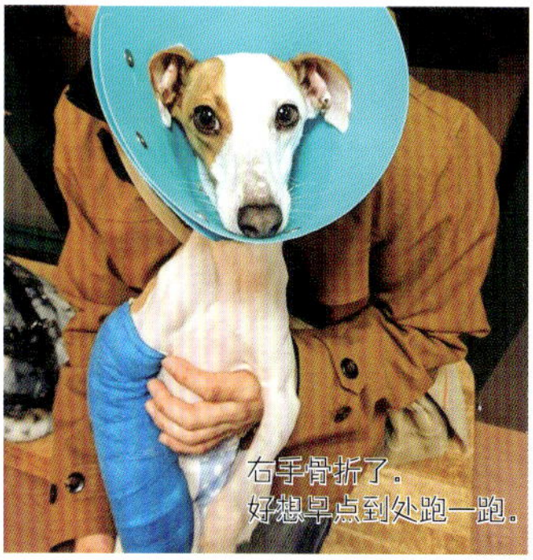

右手骨折了。
好想早点到处跑一跑。

会咳嗽

狗狗有时会隐瞒重大疾病。

咳嗽

如果是因兴奋、空气污染等因素而呛到的那种程度，倒是不需要太担心，但其中或许藏有呼吸道疾病或其他疾病的可能。呼吸器官出问题，亦可能出现呼吸急促、呼吸时貌似很痛苦等情形。如果宠物主人能事先了解正常时的呼吸状况，就能尽早发现异常。狗狗的呼吸频率通常为每分钟 20~30 次。在爱犬安静不动时，数数看呼吸的次数吧。大约每周确认 1 次就能放心了。

严重时应前往医院

如果是长期持续轻微地咳嗽，或者用力咳个不停，有可能会发展成重症，因此要到医院接受检查。狗狗在看诊现场无法说咳就咳，因此如果事先拍下咳嗽时的视频，在检查时就能帮上大忙。由咳嗽可推断的疾病，包括下列几种。

- **气管塌陷：**气管变形导致出现鹅叫般的特殊咳声。变严重后会气喘吁吁、呼吸困难。
- **犬窝咳（犬传染性支气管炎）：**因病毒、真菌感染（感染性），或吸入尘埃、花粉等（过敏性）所引发的支气管炎。发作时会出现干性短咳。幼犬和老年犬可能会发展成重症。
- **二尖瓣闭锁不全：**这是狗狗最常见的心脏疾病，会出现仿佛喉咙卡着东西的咳嗽、呛到似的咳嗽，此病易发生于高龄的小型犬。
- **心脏肥大：**气管受到心脏压迫，持续干咳。
- **犬瘟热：**会出现流鼻涕、咳嗽、打喷嚏等呼吸道症状，以及痉挛等神经症状。
- **肺炎：**因细菌或病毒感染，或是过敏等因素导致发病。会出现咳嗽、发烧、呼吸困难等症状。
- **犬心丝状虫病：**由犬心丝状虫引发的感染症，会出现鸣笛般的咳嗽声，呼吸时看起来非常痛苦。

先在狗狗安静时计算呼吸次数，
异常时就能拿来对照。

打喷嚏、流鼻涕是感冒了吗？

狗狗会连餐食的气味都无法分辨，
必须尽早接受治疗。

狗狗鼻子不舒服，是非常严重的事

打喷嚏、流鼻涕等反应，是为了将附着于鼻子和气管上的病毒、尘埃等异物排出体外。狗狗鼻子的疾病是由异物进入而导致炎症所造成的。鼻子对狗狗来说是非常重要的器官，鼻子生病会对狗狗生活造成障碍，引发食欲不振、没有精神等问题。

狗狗不会感冒?

狗狗不像人类一样会冷到流鼻涕。如果有打喷嚏、流鼻涕，就要推测可能是下列疾病引起的。

我呼吸时鼻子一直有声音，
这是不是感冒了？

- **鼻炎：**细菌或尘埃进入鼻腔，引发黏膜发炎。如果发展成重症，就会出现具有黏性的鼻涕。如果是细菌感染，就应使用抗生素和消炎药；如果是过敏因素，则应投以抗过敏药。平常提升免疫力也很重要。
- **鼻窦炎：**鼻炎发展成慢性，变成容易积脓的状态。有时是因牙周病、鼻腔内肿瘤所致。除了鼻炎的症状之外，也会引起呼吸痛苦。必须根据发病原因投以抗生素，如果是由牙周病引发，则必须治疗牙周病。
- **鼻道狭窄：**因鼻腔的形状所引起，这是巴哥犬、法国斗牛犬等短吻品种易发生的疾病。狗狗会用嘴巴呼吸，喉咙也容易发炎。如果状况并未太严重，可以采取非侵入性治疗。要留意体温调节，小心避免变肥胖。
- **逆向打喷嚏症候群：**症状是会激烈地吸气，又称猛烈吸入鼻腔症。常见于小型犬和短吻品种，兴奋时也会发生。这不是疾病，请观察狗狗的情形。状况会因狗狗而异，但有时候替狗狗搓揉胸口、鼻梁或者哈气等，症状就会平息，找出合适的方法即可。

拉出奇怪的便便

排泄物是健康状态的指标。

排泄物是信息的宝库

检查排泄物可以获得许多信息。尿液要看色调和排泄状况，粪便则是看软硬度和颜色。两者都要观察每天的次数等。如果有异于平时、感觉不太对劲的排泄物，代表狗狗的身体可能已经有异常了。

异于常态的粪便

粪便的异常，包括腹泻、便秘、血便等情况。粪便的状态会受到饮食和环境等因素较大影响，消除狗狗压力、提供高消化吸收率的高端宠物食品，就能帮助狗狗排出健康的粪便。谷物过多的餐食会使狗狗粪便的量增加，也有可能让狗狗摄入不到充足的营养。

腹泻：起因包括肠道菌群失衡、消化道内有寄生虫疾病、病毒感染、肠炎等。如果是因为消化不良所引起，可能是吃太多、喝太多、食物不对口味、压力大等原因。如果伴随发烧或呕吐，则可能是消化器官的疾病。

· 小肠性腹泻：单次的排便量多。黑色焦油状的血便、水便。

· 大肠性腹泻：次数变多，会同时排出黏液。大多是软便。

· 压力引发的神经性腹泻：大多为短暂

性腹泻。

· 细菌感染、病毒感染导致腹泻：有时会变成血便，伴有脱水、发烧等症状。

发生腹泻时，要暂时停止喂食，不过要喂水以免发生脱水，然后观察狗狗的状态。如果停止进食仍未改善，持续腹泻达 2~3 天，就要去医院接受诊治。

● **便秘**：如果 4 天都未排便，就要怀疑是便秘。肠内细菌的环境不佳、神经性便秘，或者是食用水分和膳食纤维过少的餐食，都会使粪便变硬。摄入充足的水分，食用富含膳食纤维的餐食，就能让状况有所改善。

● **血便**：因肠炎或肛门周围有状况而导致。血便的颜色会依出血位置而有所变化，发现后要多加观察，拍下照片以便检查时做参考。

· 粪便中混有血液的血便：应是大肠出血。

· 整条粪便偏黑的血便：应为口腔、胃、十二指肠、小肠出血，也可能是有犬钩虫寄生，或吃下肉类较多的餐食而变黑。

· 粪便表面附有潜血的血便：应是大肠至肛门附近出血。

· 红色腹泻：应为食物过敏或细菌性肠炎。

● **混有异物**：应是吃下不适合的食物，或难以消化、不可食用的东西。另外，也有可能是肠道环境状况不佳。

营造良好的肠道环境

营造良好的肠道环境，就能维持健康。狗狗跟人类一样，肠道里有有益菌、有害菌、中性菌等 3 个菌群，如果能维持均衡，就是良好状态。如果有压力或生活习惯紊乱，肠道环境也会变差。

当有害菌占了上风，可能会产生有害的氨等，增加生病的风险。以乳酸菌为代表的有益菌，有着抑制有害菌、活化肠道、维持免疫力、控制血糖等正面效用。如果是持续出现原因不明的便秘和腹泻，就是肠道环境失衡的警示信号。

此时要重新审视狗狗的饮食和生活环境，增加有益菌，营造良好的肠道环境。可摄入可发酵型膳食纤维的谷物、地瓜、低聚糖、菇类、水果等。乳制品包括酸奶、羊奶、乳酸菌等保健品，都能有效增加狗狗肠内的乳酸菌。

尿尿时不太对劲

如果颜色或气味异于平时，就要注意。

观察尿液的状态

从每天都能看见的尿液，也可以得知狗狗的健康状态。尿液是由肾脏生成，从输尿管输送到膀胱，再由尿道排出体外。尿液异常，有可能是这个路径出了问题。以下是可通过外观或气味确认的事项。

- **深黄色**：水分不足而被浓缩的尿液，是脱水症状。尤其冬天时饮水量会减少，要多加留意。
- **红色或深褐色**：这是混入血液导致的颜色变化，应为泌尿道疾病。有可能是膀胱、尿道发生细菌感染所导致的膀胱炎等。
- **颜色很淡**：如果是饮水量很多，就要怀疑是慢性肾功能障碍、糖尿病（P150）、库欣氏症候群（P131）等，必须赴医院检查。
- **闪亮**：如果有粗糙闪亮的物体，那就是尿液中的磷酸铵镁或草酸钙等结晶。尿液的酸碱值变化会形成结晶，置之不理将演变成尿路结石，导致排尿困难。如果是膀胱形成的尿路结石症状，就会非常危险。
- **气味难闻**：应是膀胱炎等泌尿道发炎导致。
- **混浊**：母狗的子宫或阴道发炎、正值发情期间，亦可能因子宫蓄脓症的分泌物而混浊。膀胱炎也可能造成浑浊。

如果在室内总是憋尿，只会在户外排泄，狗狗很容易会罹患膀胱炎，因此必须让狗狗在室内也能排泄。

如果出现血尿

血尿在户外难以察觉，但如果是在室内，就能靠染红的尿垫来发现。

- **膀胱炎**：是细菌引发的膀胱炎症，绝大部分出现在母狗身上。会因残尿感而导致频繁排尿。喂食抗生素大多能够治愈。
- **尿路结石症**：泌尿道生成结晶或结石的疾病，结石会伤害尿道和输尿管的管壁，造成强烈疼痛。起因是矿物质和蛋白质凝固，因此应该改变饮食生活，大量摄入水分。
- **前列腺炎**：出现在公狗身上的疾病，原因是膀胱或尿道的细菌感染，会导致难以排尿、出现血尿。应该喂食抗生素来进行治疗。
- **膀胱肿瘤**：膀胱最常见的肿瘤是移行上皮癌，症状类似膀胱炎和结石，因此要通过超声波等方式进行检查。

好不容易吃下去，却又吐了出来

狗狗比人类更常吐。

有些“呕吐”不是坏现象

狗狗的呕吐，分成吐了也没问题及有问题的两种情形。所谓吐了也没问题，诸如空腹、吃太多，或是焦虑、晕车等生理现象所引发的呕吐。除此之外的情形，就可能是误吞东西或生病状态。狗狗因病呕吐，属于无法隐藏的身体反应。

呕吐的类型

人的食道是由平滑肌所组成，狗狗的食道则由横纹肌所组成，因此狗狗的身体可轻易将东西吐出。所以狗狗比人类还要常吐，类型包括吐出、呕吐、吞咽困难这 3 种。

- **吐出**：在抵达胃之前就将未消化物吐出，毫无预警地突然发生。
- **呕吐**：胃里的食物伴随着腹壁收缩往外吐，因此是在已经稍微消化的状态下吐出来。此外还会看见胃液和胆汁。
- **吞咽困难**：将无法吞下的食物吐出。

从呕吐方式判断不适的类型

呕吐持续不止，伴随着腹痛、腹泻的呕吐，都是出了问题。此时就算喝水也会吐，因此要减少喝水。大型犬在餐后运动所引发的胃扭转尤其恐怖，会导致腹部胀大、吐个不停，必须施以紧急外科处理。

- **吐的时候很痛苦，想吐但是又不太吐得出来**：或许是误食物品等，胃部出现了问题。
- **食物吞不下去而吐出来**：应是食道、喉咙附近有异常。
- **伴随血便和腹泻**：应是犬细小病毒感染症（P122）、肠胃炎等。
- **伴随痉挛和抖动**：应是中毒症状。幼犬在极少情况下会吐出蛔虫。应立即前往医院进行驱虫治疗。

如果能保管好呕吐物，或带着照片前往，诊疗时都会派上用场。

无法顺利站起来

除了骨头、肌肉不适，也可能是脑神经所引发的疾病。

可能的疾病

当狗狗看起来很难站起、难以行走时，首先该推测是与肌肉、骨骼相关的疾病。如果是髋关节发育不全、膝盖骨脱臼（P121），就要在墙壁和家具安装防护设备，让狗狗在跌倒或碰撞时不致受伤；木地板等易滑的地面材质，则要铺上地毯或地垫来应对。

脑部、神经相关的疾病，如下所列。

- **椎间盘突出：**此病是因脊椎骨之间的缓冲垫“椎间盘”移位后压迫到脊髓，使腿部或腰部瘫痪，造成排泄困难、步行困难。可进行消炎治疗或外科治疗，也可做针灸治疗。
- **变形性脊椎症：**在 13 椎胸椎、7 椎腰椎之间，有某处椎间盘破裂，导致骨头彼此摩擦、粘连的疾病。最终会导致疼痛，无法摇尾巴。如果放任不管，就可能会演变成椎间盘突出。
- **前庭功能损伤：**内耳中控制平衡感的器官“前庭”产生损伤，可见于老年犬。此病会使狗狗突然歪着头，出现眼震现象，即眼球不断动来动去、身体往单方向旋转、无法站立。记得要支撑着狗狗，以免碰撞到头部。此时很难进食，因此食欲会暂时变差，但终会慢慢恢复。
- **脑肿瘤、脊髓肿瘤：**脑肿瘤、脊髓肿瘤发病后，皆会出现身体歪斜、摇晃等行为变化。通过核磁共振成像（NMRI）检查等深入检查可发现肿瘤。脊髓肿瘤的症状，跟椎间盘突出或关节炎疾病非常相似。
- **癫痫：**癫痫属于遗传性疾病，各类犬种皆可能发病，会反复发作痉挛。癫痫的类型很多，包括会全身用力、跌倒、引起痉挛的强直性发作；单脚、半身抽搐的局部性发作；会朝上方空间啃咬的自动性发作；如同鞠躬般的无力性发作；出现如颤抖反应的肌抽跃性发作等。

癫痫发作之后马上就能恢复，结束后又会如无事般回归日常。如果 3 个月内发作超过 1 次，就要进行治疗。继续放任不管的话，将会缩短寿命。

癫痫的治疗方式包括抗癫痫药物治疗、搭配中链脂肪酸的饮食疗法、栓剂等，或是可以请医生开咪达唑仑的鼻喷雾剂，供突然发作时使用。必须视发作次数和血液中的药剂浓度，持续改变投药量。将癫痫发作的状况录成视频，也能在治疗时派上用场。通过 MRI 可获得值得高度信赖的检查结果。

狗狗轮椅与义肢

即使狗狗因意外或疾病不幸失去四肢，通过狗狗轮椅和义肢，仍有可能重新行走。一般狗狗轮椅以两轮为主流，但也有四轮款，以应对前腿、后腿都很无力的状态。义肢是为补足残肢形状和功能所装上的人工肢体。

另外，市面上也售有为失明狗狗开发的轻便式防撞圈等辅助用具。戴上之后，碰触到障碍物的感觉将会传向身体，使狗狗得以行走。这可帮助狗狗拓展日常的活动范围、提升运动量，让生活更丰富。

狗狗的辅具

狗用轮椅

如果因后脚瘫痪等无法站立，穿戴狗用轮椅便有可能重新行走。材质是轻盈坚固的轻量铝合金。基本上可按犬种、体格量身定制。也有购买后仍可调整尺寸的类型，不怕体型产生变化。狗用轮椅附有后腿提带、脊椎保护衣，可以轻松地支撑身体。对狗狗来说，穿戴狗用轮椅可能会有些不知所措，先试着租用类似的商品给狗狗尝试，也是一个方法。此外，也有专为拖着脚走路的狗狗设计的鞋子。

义肢

由动物义肢安装师来制作。据说断肢位置越靠上方，要行走就越困难；相反地剩下的腿越长，就越容易将力量传至义肢。一开始装上义肢后，先用轮椅来复健，也是一种运用方式。如果希望狗狗能够靠自力站起来行走，就得这样复健。

曾有前腿被鲨鱼咬掉的红头龟，在安装义肢后得以游泳；在泰国也有重达2 t的大象，佩戴义肢行走。

在游泳池内做复健，对身体的负担较低，可以锻炼肌肉。

是生活习惯太差了吗？

因生活习惯而引发的疾病，统称为“生活习惯病”。

狗狗的“生活习惯病”变多了？

在人类社会中，许多人都很留意“生活习惯病”，但你是否知道，狗狗也有“生活习惯病”？狗狗的寿命已经比以往延长了许多。从中高龄开始，狗狗罹患“生活习惯病”的比例正在不断增加。狗狗的饮食生活虽然变丰富了，但另一方面，市面上却净是高热量或高脂肪、使用了不需要的添加物的食品，或因更常养在室内而运动不足、抱持着各式各样的压力……致病的要因都跟人类相同。

肥胖会招致糖尿病

狗狗的糖尿病案例日渐增加。会出现多喝多尿、无精打采、腹泻或呕吐、体重减少等症状。发病后难以完全治愈，但需要改善饮食生活、改吃能降血糖的食物来应对。视情况可能必须在家中注射胰岛素。如果病情加重，发生其他疾病的风险也会提升。

在遗传因素影响下易胖的犬种，似乎较容易罹患糖尿病。另外，牙周病也是使状况恶化的要因。预防方式包括用心维持适当的餐食量、运动、刷牙、营造没有压力的生活等。

罹患心脏病的概率会随年纪增加

狗狗的心脏病，以二尖瓣闭锁不全（P142）最为多见。年纪变大后更容易发生，如果出现在散步途中突然停下、容易疲惫等情况，皆可察觉出这种病。心脏内会发生血液逆流和瓣膜闭锁不全，因心排血量过低导致心脏肥大、听见心杂音、心率加速。左心房胀大会压迫到部分气管，导致狗狗开始咳嗽。接着肺部也会积血，引发肺水肿。先了解狗狗在家中平静状态下的心率，就能在早期阶段发现病症。

其他心脏疾病，还包括先天性心

血管畸形的开放性动脉导管、心室中隔缺损、心肌功能逐渐变差的扩张型心肌病变、寄生虫感染所致的犬心丝状虫病等。

癌症要早期发现

据说10岁以上狗狗死因的第一名就是癌症。随着动物医疗的进步，狗狗的癌症较之以往更容易发现，治疗选项也更多元。

最重要的一点就跟人类一样，在于早期发现、早期治疗。如果能在肿瘤还小的时候就发现，通过外科手术、放射线治疗、抗癌药等，就能提高生存概率。为求早期发现，超过7岁之后定期体检必不可少。每天都要通过观察或接触身体，确认是否有硬块，体重和食欲是否有变化等。

一般认为有许多癌症都是因含大量添加物的食物或压力所引发，因此将餐食改成正确的食物、提升免疫力、充分摄入必要的营养素也很重要。

预防“生活习惯病”

“生活习惯病”的主要原因在于生活习惯不良，因此可以在日常生活中预防。能够决定爱犬生活习惯的人，只有宠物主人自己。

- **避免过胖**：肥胖会导致高血压，而且更容易发生心脏疾病、糖尿病、关节炎（P141）、呼吸道疾病、椎间盘突出（P148）等，没半点好处。应避免喂食零食，也要小心别喂食过量。
- **避免牙周病**：入口的细菌会对心脏及内脏器官产生影响。另外，牙周病有时也是口腔内肿瘤的起因。要养成良好的刷牙习惯来预防牙周病。
- **避免运动不足**：运动不足会导致肥胖，亦是压力的要因。运动可以预防肥胖、维持肌肉等身体功能，改善血液循环不良等身体不适的情形。
- **避免给予不必要的压力**：当压力导致免疫力变差，身体就更容易产生不适。要多加留心，让狗狗过得开心、舒适。

想预防生活习惯病，运动绝不可少。遛狗也会是宠物主人的一项运动。

需特别留意的疾病

请先了解狗狗可能罹患的可怕疾病。

◎恶性肿瘤（癌症）

● 乳腺肿瘤：乳腺肿瘤常见于 10 岁以上的母狗。会在乳腺部位长出硬块或巨大团块，良性、恶性各占 50%。小块时，有较高可能属于良性，变大之后就会转为恶性，因此在还小块时就要发现，进行部分切除或切除单边乳腺的手术。

【症状】乳腺硬块可通过家中触诊就可以发现。

【预防】一般推测发病应该与雌性激素有关，因此趁年轻时就要进行绝育手术。

● 恶性淋巴瘤：由血液中淋巴细胞所形成的肿瘤，下颚、肩膀前方、腋窝下方、膝盖窝等处的淋巴结会出现肿胀，病情发展快速，发现时有可能已经转移。投以抗癌药物或是保健品，可期望延续生命。

【症状】据说多为多发性，在各处淋巴结都可找到硬块。

【预防】原因尚不明确，正确用餐、避免累积压力都很重要。

● 肥大细胞瘤：发生于皮肤、皮下的恶性肿瘤。有时候只要取出长在皮肤上的小型硬块就会痊愈，但如果是恶性程度过高，生长、发展快速，转移到淋巴结或其他脏器后有可能致命。

【症状】大多是皮肤长出硬块，也可能转移至内脏。

【预防】并无明确的预防方式，要致力于早期发现。

● 鳞状上皮细胞癌：易发生于口腔内黏膜（牙龈）或指甲根部处的恶性肿瘤。由于转移性低，因此如果早期发现，只要完整切除就可期待完全复原。

【症状】皮肤、指甲周围或口腔内长出肿瘤，浸润至组织。

【预防】只要能够早期发现后切除，即可延续生命长度。

不论是何种癌症，除硬块之外还会伴随着食欲不振、呕吐、体重骤减等症状。就算检查出癌症也不要悲观，应想办法提升免疫力以改善身体状况，并维持好生活品质，让狗狗的精神和食欲逐渐恢复。

◎感染症

● 因硬蜱感染发热伴血小板减少综合征（SFTS）：此感染症的媒介是带有“发热伴血小板减少综合征病毒”的硬蜱。2013 年，日本国内首度出现狗传人的报告，2016 年，则有被猫传染而死亡的人类案例。推测也可能是由野生鹿、浣熊传染给猫和狗，再以猫和狗为媒介传染给人类的。

【症状】一般无症状，亦可能出现发烧、食欲减退以及因血小板减少而导致的出血症状。

【预防】避免让狗进入草丛。即使是人类也得穿着长袖长裤、戴着工具手套方可预防，所以光着脚的狗狗就更危险了。

- **狂犬病：**P122已经有说明。感染狂犬病发病后，人和狗的致死率都是100%。日本国内已通过《狂犬病预防法》扑灭此病，但是其他国家由于狗狗登录及疫苗接种率跌破50%，狂犬病依旧在蔓延，因此日本国内再发生狂犬病都不奇怪。

【症状】食欲不振、瘫痪、兴奋啃咬、凶暴化等异常行为。

【预防】宠物主人有义务每年替狗狗接种一次狂犬病疫苗。

- **犬心丝状虫病：**0.3 mm的微丝虫被中间宿主蚊子吸入，长成感染性幼虫后，再度因蚊子吸血而进入狗狗体内。感染后心丝虫会通过血流抵达肺动脉，长成25~38 cm的成虫，栖居下来。此病最终会引发心脏衰竭及呼吸困难而致死。

【症状】初期仅是食欲不振、不停咳嗽的程度。病情加重后会出现体重减少、呼吸困难、腹水等症状。

【预防】一般会每月服用一次驱虫药，也有擦在皮肤上的类型或注射药。从蚊子开始出没起1个月内，至蚊子消失后1个月内的期间，都需要使用这些预防药品。人类也会因蚊子叮咬传播，而成为兹卡病毒感染症、登革热等疾病的感染源，因此应认真防治蚊害。

◎其他疾病

- **压力引起的疾病：**过度的压力会引发腹泻、皮炎、焦虑行为、攻击行为、暴食行为、执着行为等。起因可能是独自看家或环境变化等形成压力，使抵抗力变差。

【预防】最大前提是满足“五大自由”（P42）。

- **急性胰腺炎：**胰脏分泌的消化酵素活化后，消化胰脏本身，引发炎症。演变成重症后将波及其他脏器，亦可能致命。起因可能是高脂肪食物、自身免疫力、药剂、遗传性等。发病后很难完全治愈，必须限制进食。

【症状】突发性呕吐、腹泻，伴随激烈腹痛。

【预防】维持健康的饮食生活，是最重要的预防方式。

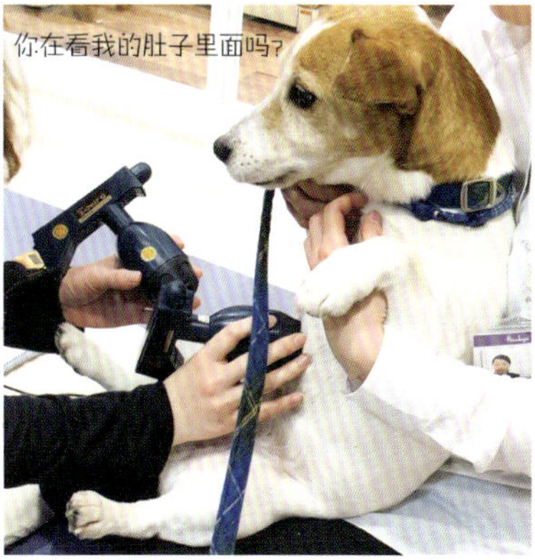

熟悉的医生是值得依靠的存在。

第四章 了解狗狗的心情

据说有越来越多的狗狗
都因日常的压力累积，
罹患了抑郁症、神经系统疾病。

消除狗狗的压力

环境、和家人的关系、餐食和散步，狗狗的压力几乎全都来自生活，而建构其生活的人，就是我们这些宠物主人。如果爱犬的心理状态失衡，非常遗憾，错或许就出在我们身上。人的压力来自人际关系、工作、疾病等，要完全消除人的压力并非易事；但狗狗的压力，只要靠宠物主人努力，几乎都能烟消云散。

心情变得很灰暗

发生悲伤痛苦的事，
狗狗也会很难受。

狗狗拥有心灵，所以也会生心病

要说明“心灵”的存在虽然很有难度，但在近期脑研究的进步之下，我们对心灵终于渐渐有了些许了解。这在狗狗的领域也是一样，在利用MRI探讨脑部对各类刺激的反应后，已经确认狗狗同样具有感情。例如，如果提供对狗狗而言积极正向的信息，在脑内称为尾状核的部位，就会通过多巴胺产生强烈的反应。另外我们也得知，在表扬狗狗的时候，狗狗会同时聆听“单字”和“语调”来做判断。

狗狗也会有偏好和不那么偏好的事物，并对之抱有或喜或悲的情感。当狗狗持续承受强烈的压力，就会罹患抑郁症。此外无论猫狗，在宠物主人死亡时皆会出现失落情绪，有时甚至会引发神经系统疾病。

狗狗常有的心理疾病

狗狗的心理疾病很难命名，但是从异常行为等症状，以及对其投药治疗的反应等，试着套上人类的病名后，我们得知狗狗也会罹患以下这些疾病。

这些病的起因可能是不安、寂寞、无聊等压力，打雷或烟花的声音，受到打骂的恐惧等。不过对压力和恐惧的感受程度，每只狗狗都不一样，因此很难清楚划出“在这个程度之前都没问题，超出这个程度就会生病”的界线。须在跟爱犬相处的过程中慢慢地进行判断。

神经系统疾病、抑郁症：因经常独自看家、在家里少有接触或交流、焦虑等原因所引发的疾病。状况包括对于主人

满足了玩耍、运动、交流的需求，
心灵就能常保健康。

回到家和玩耍不再有反应、避开跟人或同类的交流、在室内徘徊、食欲减退等。如果会回避宠物主人的话，就已经是重症了。也可能会变得凶暴而破坏家具等。

● **创伤后压力症候群（PTSD）**：因强烈恐惧或压力形成心理创伤，留下精神性的痛苦，即 PTSD。灾害或虐待等痛苦的体验、残酷的经历，皆可能让狗狗陷入 PTSD。一般症状包括畏惧、失眠、食欲不振、呕吐、腹泻等。此外在行为变化方面，则包括凶暴化、跟在主人后面走来走去、独自看家就会引发恐慌等。据说神经越是敏感的狗狗，症状就越严重。

食欲减退、无精打采等症状，也有其他疾病的可能，因此如果发现狗狗的状态与平时不同，首先要接受医生检查。不仅如此，也得去除焦虑因素、创造能让狗狗感到安稳的场所等，必须改善环境，或是进行看家、熟悉某些声响的练习。依症状的不同，医生可能会开抗抑郁药剂、精神安定剂等处方。

除此之外，诸如执着行为、分离焦虑等的“问题行为”（P159），皆是因恐惧、焦虑等“心灵的不稳定感”所引发的异常行为，这些症状也可称为心病。

别让心灵生病

理所当然应该对狗狗投入关爱，在生活中体谅狗狗的心情。不带给狗狗恐惧、焦虑、各式各样的压力，或者是帮助去除这些因素，即是心病最佳的预防和治疗方式。但很遗憾，事实就是要消除所有恐惧和压力并非易事。

虐待、违反狗狗本能的调教都是不应发生的，也是能够规避的情况，但像打雷这种事，则无从解决。许多狗狗都很讨厌医院，但不能不去。最讨厌的刷牙也一定得做。包括训练，或许对狗狗而言也是一种压力。为求生活得安全又健康，有些压力一定得克服，因此“社会化时期”（P160）的生活方式就显得非常重要。

幼年期跟父母、兄弟姐妹一起度过，对狗狗的成长意义重大。

因为害怕所以吠叫

有问题的行为，同样都是有理由的。

何谓“问题行为”

狗狗的行为分成正常、异常、问题行为等 3 种。对狗狗而言正常的行为，如果宠物主人无法允许，就会称之为“问题行为”。胡乱吠叫、食粪、为守护某处或某物而发出威吓等，在这些一般称为“问题行为”的行为当中，有不少都是对狗狗而言很正常，或是有理由才做的事情。

狗狗的“问题行为”有 65% 都是出自地盘习性、恐惧、攻击性。另外，还有分离焦虑、不当排泄等由压力引发的“问题行为”。大部分被视为“问题行为”的举止，都是因为成长期中的社会化时期并未得到适当引导而引发的。除此之外，强行采取不合理、不恰当的饲养方式，也是一个关键因素。这说明狗狗的有些“问题行为”，有可能是人类所致。

预防“问题行为”

改正“问题行为”，需要付出时间、劳力和耐心。因此，幼犬在社会化时期的发展和调教非常重要。如果“问题行为”已经萌芽，那么以下训练将具有良好的效果。

- **暂停法**：发生“问题行为”的时候，宠物主人就离开现场，停止表达关切。在“问题行为”消失之后，就给狗狗训练零食当奖励。
- **标准化**：在用餐或散步前，以及“问题行为”之后，都要做“眼神接触”，说出“停”。

置之不理或给予惩罚，反而会让“问题行为”恶化。如果狗狗非常焦虑，建议请临床行为学的专科医生进行检查。依据症状的不同，有时会考虑精神层面，开出抗抑郁药剂的处方。

这样很伤脑筋，“问题行为”的应对方式

“问题行为”是关乎狗狗毕生幸福的问题。
状况如果严重，就必须向值得信赖的专家进行咨询。
参考有科学依据的方法，将狗狗引向正确的方向。

分离焦虑

这是因宠物主人不在身边而感到焦虑的一种行为。身体状况上的变化包括流口水、腹泻、呕吐、呼吸次数或心率增加等。行为变化包括在家里也经常跟着宠物主人走动、搞破坏、持续吠叫等。

【应对方式】在家里也要规划分开度过的时光。例如移动到隔壁房间等，在极短的时间内练习分离。有能让狗狗放心的空间（宠物笼等）也很重要。

执着行为

狗狗异常频繁地出现追着尾巴跑、啃咬尾巴、追逐光影、舔舐身体等行为，导致对生活造成障碍、负伤等。关键因素应为压力、无聊、纠结、焦虑等。也有一些案例是身体疾病引发了此类行为，因此我们必须要懂得如何做出正确判断。

【应对方式】如果得知触发的原因，就必须避开。可用镇静剂处理，但如果仍旧持续，以啃咬尾巴为例，有时就会判断是否要进行断尾处理。

攻击行为

诸如为狩猎或表达自我意志而采取的积极性攻击，以及为逃离恐惧、守护食物或地盘而采取的防御性攻击。这些都是源自本能的行为，但啃咬等强烈攻击，在与人类共同生活时就会是个问题。

【应对方式】依攻击理由而异，包括不打扰狗狗吃饭、睡觉时别碰触等，要避免可能触发狗狗攻击行为的状况。

胡乱吠叫

对狗狗而言，包括兴奋、焦虑、有需求、发出警告等，没有哪种吠叫算是“胡乱吠叫”。这种状况常见于在工作上需要吠叫的犬种（如牧羊犬等），或容易兴奋、容易感到焦虑的狗狗。

【应对方式】如果狗狗在家时会对外面经过的路人吠叫，就要利用窗帘或窗贴阻挡狗狗的视线。如果狗狗是因情绪激昂而吠叫，就要避免让它过度兴奋……要回避可能触发的情境。

狗狗有时只是出于无聊、玩得太开心而恶作剧，
这些并不全是“问题行为”。

想让狗狗拥有各种体验

心灵成形期的生活方式非常重要。

亲子相伴的优点

日本在2019年6月12日施行的《动物爱护法》修正案，内容包括禁止销售8周龄（56日龄）以内的狗狗。将时间点设定在8周龄，是因为幼犬诞生后的这段时间，是脑部神经系统逐步成长发育的阶段，待在狗妈妈的身旁，跟兄弟姐妹一同安心生活，对心灵和身体的健全成长十分重要。

在跟狗妈妈及兄弟姐妹嬉戏、吵架等交流的过程中，狗狗将逐渐学会跟同类沟通、肢体语言、控制兴奋程度和啃咬力度等基本规则。据说如果跟兄弟姐妹早早分离，未能历经这个过程，狗狗就有可能会去挑衅其他狗狗，或者是完全相反，凡事都感到怯懦，容易产生攻击性及恐惧感。

从这个时期一直到14周龄，称为“社会化时期”，包含跟人类共度的经验在内，狗狗必须经历并适应各种社会性的体验。

跟宠物主人一起学习

幼犬可以说是以周为单位在飞速长大，“社会化时期”的成长方式、体验的丰富程度，将会对往后的生活产生巨大影响，非常重要。这是因为大多所谓的问题行为，其关键因素都是在“社会化时期”的发育阶段中未能经历的事件，令狗狗产生了恐惧和压力。具体如下。

- **没见过宠物主人以外的人类→看见**

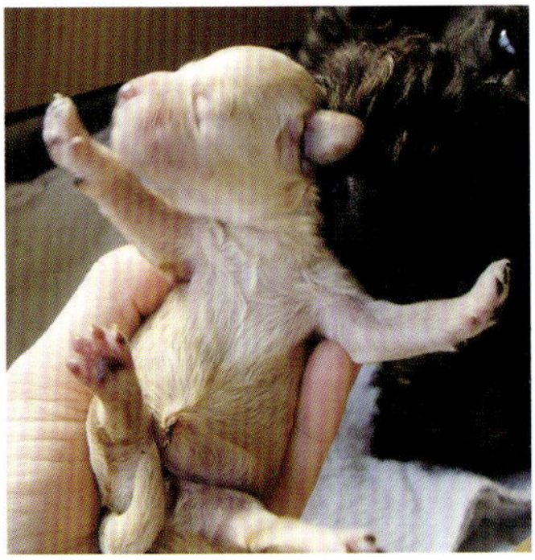

狗狗在出生约12天后，眼睛就能视物。
超过3周龄，就能灵活走路。

幼犬总是充满着好奇心。

光看着幼犬的模样，就让人倍感治愈。

人就吠。

- **未能体验身体接触→被碰触到身体就发怒。**
- **总是待在一起→看不到人类时就会吠叫、无法看家。**

幼犬从 8 周龄前后就会开始慢慢脱离亲代,恐惧和戒备心也会同时萌芽。接着大脑就会全力运转，逐渐发育。在这个举足轻重的时期，为了在今后的生活中不对未知的经验抱有恐惧、警戒或焦虑，必须让狗狗经历大量的体验，习得社会性。

遇见男女老少不同类型的人类，让狗狗观看自行车、汽车、摩托车等，在柏油路、沙砾、泥土等各种地面上行走，邂逅麻雀等鸟类，等等，必须让狗狗体验的事情数不胜数。一般认为体验越多越好。以人类而言，这即是情感教育的时期。

这个阶段做得足够好，就能替爱犬的未来排除压力，不必害怕往后可能会成为压力的事情，如刷牙、梳毛、到医院看病等。

狗狗到大约 14 周龄都未能体验的事情，就会变成未知的事物，化作恐惧、警戒、焦虑的种子，无法轻易消除。社会化时期的体验会深深地留在狗狗心中，因此如果承受巨大的伤害，亦可能成为毕生的心理阴影，一定要多加留意。

第五章 高龄期的照护——为了保持健康长寿

现代狗狗的平均寿命已经延长。
在这一背景下，
狗狗也像人类一样，面临着
如何度过高龄时期的问题了。

爱犬的年龄会赶超主人

曾如孩子一般的爱犬，在不知不觉之间，就会超过我们自身的年龄。大型犬约从 6 岁、小型犬则约从 10 岁就会进入高龄期，也就到了必须重新审视健康和生活方式的时候了。老年期该怎么度过呢？该做的事、该考虑的事都跟人类一样，营养均衡的饮食、没有压力的生活、定期进行健康检查，诸如此类。上了年纪各种疾病也会造访，我们要留心早期发现、早期治疗，尽可能让狗狗保持健康，幸福地活到 20 岁。

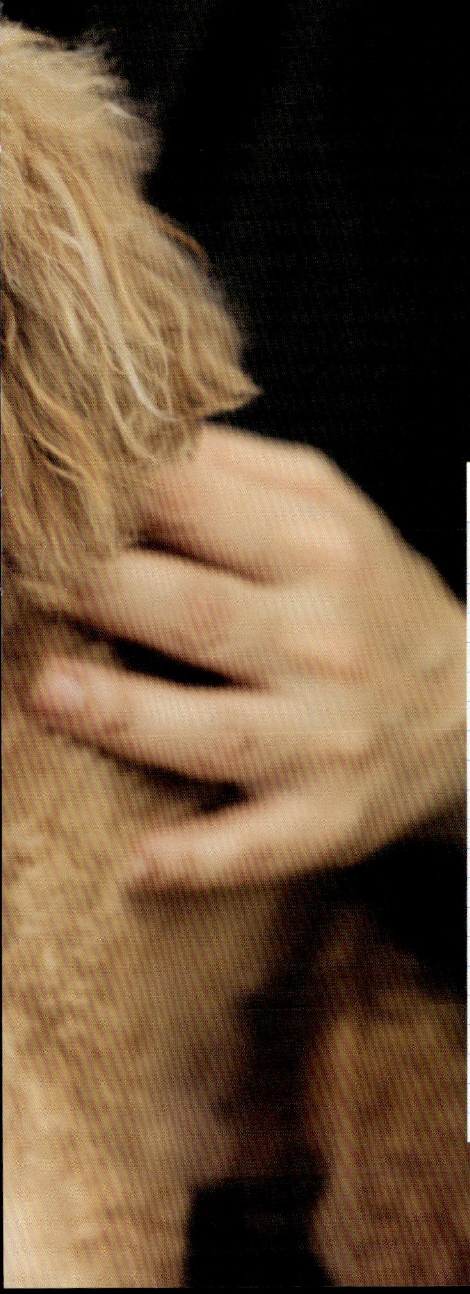

狗与人的年龄对照

狗的年龄	人的年龄			
	小型犬	中型犬	大型犬	超大型犬
1 岁	15 岁	15 岁	14 岁	12 岁
2 岁	23 岁	24 岁	22 岁	20 岁
3 岁	28 岁	29 岁	29 岁	28 岁
4 岁	32 岁	34 岁	34 岁	35 岁
5 岁	36 岁	37 岁	40 岁	42 岁
6 岁	40 岁	42 岁	45 岁	49 岁
7 岁	44 岁	47 岁	50 岁	56 岁
8 岁	48 岁	51 岁	55 岁	64 岁
9 岁	52 岁	56 岁	61 岁	71 岁
10 岁	56 岁	60 岁	66 岁	78 岁
11 岁	60 岁	65 岁	72 岁	86 岁
12 岁	64 岁	69 岁	77 岁	93 岁
13 岁	68 岁	74 岁	82 岁	101 岁
14 岁	72 岁	78 岁	88 岁	108 岁
15 岁	76 岁	83 岁	93 岁	115 岁
16 岁	80 岁	87 岁	99 岁	123 岁
17 岁	84 岁	92 岁	104 岁	—
18 岁	88 岁	96 岁	109 岁	—
19 岁	92 岁	101 岁	115 岁	—

上了年纪的各种问题

狗狗年龄增长的速度，比人类快许多。

老化的征兆

大型犬约在 9 岁、中型犬约在 12 岁、小型犬约在 13 岁时，就会被称为老年犬。如果出现以下迹象，就应该意识到爱犬已经上了年纪。

- **脸上和身体上长出白色毛发。**
- **罹患白内障等，视力变差。**
- **反应迟钝、听力退化。**
- **体力不佳，动作缓慢。**
- **睡眠时间变长。**
- **体温调节功能变差。**

在每天梳毛、眼神接触等交流的过程中，都要留心观察爱犬的食欲、散步、睡觉的情形等，以便掌握爱犬的变化。

狗狗是跟我们一起变老的重要家人。

为老化做好心理准备

老化会缓慢地显露出来。如果狗狗变得不太想去散步，就是肌肉力量和体力在逐渐下降，因此最重要的是维持适度的散步。散步期间会使用到视觉、听觉、嗅觉等感觉器官，能够接触多种刺激，因此也能活化大脑。另外也要从行走的步调、呼吸、排泄物等的状态，尽早察觉狗狗身体状况的变化。

狗狗老化会伴随的生理现象，包括感官系统、肌肉骨骼系统、神经系统、消化系统、泌尿系统、心血管系统的功能变化。此外随着脑部功能老化，在精神、认知、活动等方面都会开始出现变化。

随着老化，狗狗罹患白内障、关节炎、牙齿疾病、肾脏疾病、心脏疾病、甲状腺功能低下或亢进症、肿瘤等疾病的概率将会增加。

神经传导障碍会引发焦虑、忍耐力变差，因打雷等心生恐惧而吠叫的焦虑障碍、看家的分离焦虑等情况都会增加。这些情况有时也会被视为“问题行为”。

针对感官功能变差、肌肉骨骼系统的问题，必须为狗狗调整居住环境。不过，大幅度的环境改造，亦可能对老年犬带来焦虑，因此需要多加留意。诀窍是多用点心，不要强迫狗狗，不要责骂

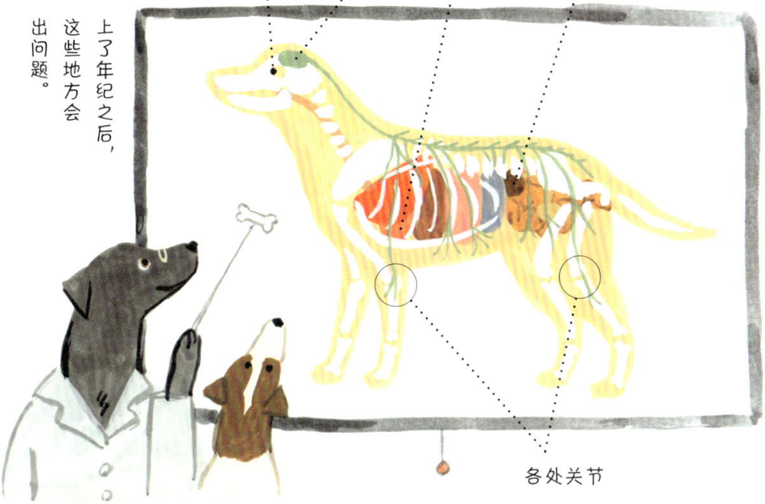

狗狗，不做狗狗讨厌的事。不过，也有必要偶尔改变散步的路线，用玩具玩耍，让狗狗有些刺激和社会性交流。

老年犬常见的疾病

狗狗跟人类一样，随着年纪的增长，疾病也会变多。除了糖尿病、恶性肿瘤、心脏疾病等生活习惯病（P150）之外，还有下列几种。

- **肾衰竭**：肾脏组织会劣化，老化后功能变差，将无法浓缩尿液，导致颜色变淡。如果发现狗狗多喝多尿，就要怀疑是否患了慢性肾衰竭。
- **关节萎缩**：因肌肉失去柔软度等，导致关节的动作变差。
- **核硬化**：眼睛水晶体中心部分的透明度降低，也可能并发白内障。
- **白内障**：眼球内的水晶体白浊，会导致瞳孔变白。会因为视力降低而撞到东西，除年纪之外，亦有因遗传因素发病的案例。

忘事特别严重

狗狗也会罹患失智症，不要忽略狗狗的行为变化。

何谓失智症

失智症的正式名称为“重度神经认知症”。失智症是因老化导致脑部功能退化而引发行为变化，但不明之处仍然很多，这也是该病的特征。在流行病学上，各国各有差异，但中型犬大约会在 11 岁前后出现该病的迹象。

失智症无法确诊，目前是采用结合各类行为来进行评价的方法。在检查时经常使用 1997 年制定的“失智犬检查 100 分法则”(P167)。确认吃饭状态、步行状态等 10 个项目，通过总分来判定失智症的程度。确认各项目后，如果是总分达到 50 分以上，就会判断是“失智犬”。

失智症发病以后无法根治，仅能采取对症治疗法，因此宠物主人要解读爱犬的需求、怜爱它的同时保持乐观的态度，和睦地与之生活下去。这样宠物主人的负担也会减轻不少。

失智症的迹象

失智症的征兆，包括毫无意义的吠叫、撞墙、办不到原本会做的事情等，跟问题行为或单纯老化有着明显差异。其与人类失智症的共通点，在于大脑皮质会发生萎缩；相异点则是较人类难以早期发现。如果觉得好像怪怪的，就要即刻接受兽医的检查。如果有脑挫伤、肿瘤的可能，就要做 CT、MRI 等造影检查，但如果是老年犬，则需与兽医探讨一下是否要进行会对心脏等处造成负担的全身麻醉。

和失智犬一起生活

如果检查出了失智症，在早期阶段采用行为疗法和饮食疗法，有助于逐步熟悉狗狗的身心健康状态。虽然也有使用镇静剂或抗精神病药物的药物疗法，但失智症并没有特效药。如果发现爱犬会痛、会冷、想改变姿势、想去散步等迹象，就要满足它的需求。这样一来不必使用药物也能过得舒适。如果有失禁、徘徊等情形，可使用护理用软垫、宠物尿垫、围栏等。

放松能提高副交感神经的活跃度，进而让血管扩张，增加大脑血流量。狗狗能迅速察觉出宠物主人的紧张，因此面对它时宠物主人放松心态也很重要。

避免给狗狗喂食粗劣的餐食，而是要喂食优质食材的食物。为求刺激狗狗的大脑，可以试着带它走到户外散步，即使让狗狗坐在宠物推车里推行也可以。在之前经常前往的场所散步，对狗狗的大脑会是一个很好的刺激。

身体接触、呼唤也都能活化大脑。

失智犬检查 100 分法则

低于30分：老年犬（正常程度）；31~49分：失智犬预备军；50分以上：失智犬。

（各项目的最高分数总计为100分。）

食欲、腹泻	① 正常	1 分
	② 异常贪吃，但也会拉肚子	2 分
	③ 异常贪吃，有时会拉肚子，有时不会	5 分
	④ 异常贪吃，但几乎不会拉肚子	7 分
	⑤ 异常贪吃，但即使吃再多东西都不会拉肚子	9 分
生活作息	① 正常	1 分
	② 白天活动量变少，白天和晚上都会睡觉	2 分
	③ 白天和晚上的睡觉时间都变长了	3 分
	④ 白天和晚上除了吃饭之外，都睡得像死猪一般，半夜至清晨间会突然醒来，到处走动	4 分
	⑤ 上述走动行为是人类已无法制止的状态	5 分
后退行为	① 正常	1 分
	② 想要进入狭窄空间，一旦无法前进，尚能自行退出	3 分
	③ 一旦进入狭窄空间，就完全无法退出	6 分
	④ 虽然处于③的状态，在房间的直角角落仍能转向	10 分
	⑤ 虽然处于④的状态，且在房间的直角角落亦无法转向	15 分
步行状态	① 正常	1 分
	② 朝特定方向摇晃行走，有不正常的运动	3 分
	③ 只朝特定方向，摇晃着绕圈（画大圈）行走	5 分
	④ 绕圈行走（画小圈）	7 分
	⑤ 以自身为中心绕圈行走	9 分
排泄状态	① 正常	1 分
	② 有时会弄错排泄地点	2 分
	③ 随地排泄	3 分
	④ 失禁	4 分
	⑤ 睡眠中也会排泄（失禁状态）	5 分

感官系统异常	① 正常	1 分
	② 正常视力不佳，听力也变差	2 分
	③ 视力、听力显著不佳，任何东西都凑过去闻	3 分
	④ 听力异常，且频繁地嗅闻气味	4 分
	⑤ 仅有嗅觉变得异常敏感	6 分
姿势	① 正常	1 分
	② 尾巴和头部低垂，但仍能正常采取立姿	2 分
	③ 尾巴和头部低垂，能采取立姿但欠缺平衡，摇摇晃晃	3 分
	④ 有时会出现持续性呆立行为	5 分
	⑤ 有时会以异常姿势睡觉	7 分
吠叫声	① 正常	1 分
	② 叫声变得呆板	3 分
	③ 叫声呆板，音量大	7 分
	④ 在半夜至清晨的固定时间突然吠叫，但某种程度上仍可制止	8 分
	⑤ 与④相同，仿佛在对某种东西吠叫，完全无法制止	17 分
情感表现	① 正常	1 分
	② 对他人和动物的反应有些迟钝	3 分
	③ 对他人和动物毫无反应	5 分
	④ 状态如③，只对宠物主人勉强有反应	10 分
	⑤ 状态如④，对宠物主人亦无反应	15 分
习惯行为	① 正常	1 分
	② 已习得行为或习惯性行为暂时消失	3 分
	③ 已习得行为或习惯性行为有部分持续性消失	6 分
	④ 已习得行为或习惯性行为几乎全部消失	10 分
	⑤ 已习得行为或习惯性行为全部消失	12 分

资料来源：内野富弥（Veterinary ME Research Center）。

良性压力具有预防之效，但恶性压力则会使失智症恶化，应多加留意。

在预防上，可以使用“安适得”之类的保健品。此外也有含精氨酸、Omega-3 脂肪酸（EPA 和 DHA）、维生素 B 群等抗氧化成分的、可消除自由基不利影响的商品。

上了年纪，还是希望能精神饱满

定期体检不可少，
室内摆设和饮食也要重新考虑！

为了老迈的爱犬

狗狗年纪大了，同样会面临运动功能退化、基础代谢变差的问题。这可能导致狗狗无法再去散步，以往的食物也可能不再合适，让我们来想想，跟老年犬一起生活，有哪些必要采取的措施。

- **定期体检：**迈入高龄后，各式各样的疾病也会造访。最好每半年定期做1次健康检查。定期体检可以帮助早期发现疾病并及时进行治疗。如果发现重大疾病，也可以请医生介绍到二级医疗诊所。此外，也可以自行寻求其他兽医的意见。
- **打造能舒适生活的房间：**狗狗无法如愿发挥身体功能、视力不佳，因此要想办法避免狗狗在室内滑倒、在高低落差处设置斜坡、在柱子和家具上安装缓冲材料以防碰撞受伤、避免狗狗靠近楼梯以免摔落等，房间布局或许会需要些许的改造。

狗狗进入高龄之后，体温调节功能会变差，因此必须留意夏季的炎热、冬季的寒冷、急剧的温度变化。如果是养在室内，尽量维持一定的室温，夏季为26~28℃、冬季为20℃左右。散步时要注意狗狗关节的使用状况以及走路状况，如果出现异常地大口喘息现象，就

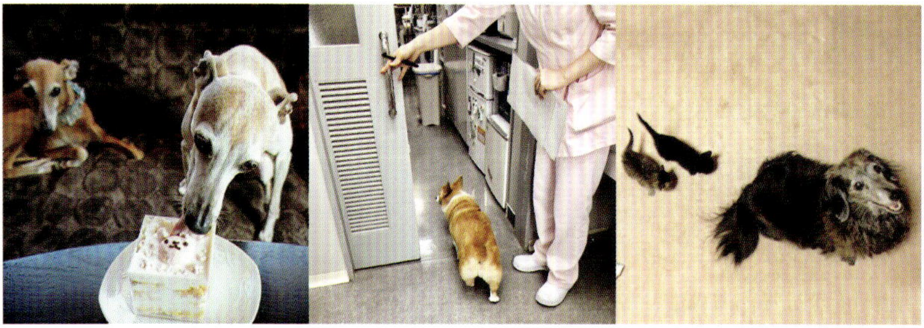

好好吃饭、好好玩耍、好好走路，多睡觉。
每年还要定期体检2次。

上了年纪后，睡觉的时间会变得多起来。

要休息，不要勉强狗狗。

- **饮食**：基础代谢率会变差，因此要换吃标示“老年犬用”的低热量、高蛋白质、配有脂肪酸的食品。一次能吃的食量如果变少了，就要分成数次喂食。如果不太能吃干燥狗粮，则要改成湿食，或淋上热水、汤汁以便食用。
- **确认身体状况**：每天都要碰触身体，确认体温有无变化、是否有疼痛或是肿胀、散步的距离、用餐量等。

长寿的秘诀

最重要的是睡觉、吃饭、运动、干净整洁的生活环境。另外，步入老年之后，应该建立不让基本规律（习惯）瓦解的生活作息。要能在整洁的环境舒适入眠，吃最喜欢的食物则要规定次数和食用量。要到户外去散步或运动，沐浴阳光。身为动物的每一天，都该是没有压力的生活。如果宠物主人很感谢狗狗活着陪伴着自己，狗狗也会接收到这份心意，双方就能互相成就彼此的精神安慰。

照护工作很辛苦吗？

照护的目标是狗狗和宠物主人都没负担、能够舒适地生活。

为了避免卧床不起

为了身体能够活动的时间久一些，最重要的是不要让狗狗过于肥胖。这也能减轻关节的负担。如果狗狗不幸罹患慢性关节炎，恶化后有可能导致卧床不起。

如果有必要，可以吃药或保健品抑制关节炎的病程，但进行适度的运动、维持肌肉量可以预防关节炎。就算狗狗的脚力变差，也要采用可承受的距离和步伐，用心维持狗狗散步习惯。

由人协助撑着前进的“辅助步行”效果很好，它能让狗狗持续产生“想走路”的意志。活动身体就能够促进全身的血液循环，改善关节的状态，提升行走能力，还能改善食欲不振和消化不良的问题。除了维持健康，更有益于释放压力。辅助步行的方式，是在狗狗腰部下方缠绕浴巾，将之提高并撑起腰部，维持着平衡让狗狗向前移动，狗狗就会开始走路。市面上也有销售步行辅助带等辅具。

在狗狗躺下时，将其四肢关节弯曲再伸直，前后动一动，帮狗狗进行伸展。帮狗狗按摩时以四肢为主，如果末梢循环变好，四肢的血流情况改善，就能预防褥疮。

防止狗狗长褥疮

卧床不起的狗狗，最大的问题就是褥疮。长时间躺着，持续接触地板的部位可能会坏死或化脓。最好每天帮狗狗换 3~4 次姿势。但狗狗会有自己喜欢的姿势，并不太容易随意帮狗狗变换姿势。这时可以给它铺上柔软的垫子，在骨头突出的部分垫上厚毛巾，效果都不错。如果有使用尿布，就要勤于更换，排泄部位的毛如果能剃掉，可以保持清洁。

吃饭喝水慢慢来

躺着吃东西，食物容易跑进气管和肺里，亦可能引发误咽性肺炎等。在喂食的时候，务必要让狗狗保持趴下的姿势，帮狗狗将头稍微抬起。喝水同样要特别注意。水容易跑进气管，因此可用手指沾水让狗狗舔舐，或使用针筒等，设法让狗狗慢慢饮用。

离别总会到来

谢谢你的陪伴。
能和你一起生活，我感到非常幸福。

做好离别的心理准备

虽然令人难过，但大多数情况下，狗狗都会比我们更早离去。失去宝贵东西的失落感，可能会使我们深陷悲伤的深渊走不出来。我们会有哀伤反应，这是很正常的现象。

虽然是件不容易的事，但为了让往后的日子能够继续过下去，认识到狗狗走的那一天终将到来这一事实，事先做好心理准备极为重要。这种准备哪怕只有短短数天，也能够缓解身心出现的问题。

而最为重要的，莫过于跟还在眼前的爱犬相伴着度过，如爱犬患有疾病或需要照护，就采取自己思考过后所能接受的安排。这样一来，我们就能告诉自己，我们已经做了一切能做的事，曾经充分付出关爱、被爱，度过了幸福的时光，从而静静地接受悲伤。

复原的过程

总有一天，我们必须告别沉痛的悲伤，重新站起。但也不需要将悲伤束之高阁，急于重新出发。在告别所爱对象的时期中，做好抒发悲伤的“哀悼行为”也非常重要。悲伤仅可通过感受悲伤来跨越。就暂时让身心休息，思念爱犬，感受悲伤，好好完成“哀悼行为”吧。无须强制遗忘，在照片前供花，随身带着具有纪念意义的物品，对带给我们幸福的爱犬致上谢意，时而回想与狗狗相携走过的点点滴滴，并不是一件坏事。

对狗友（养狗的朋友）等值得信任的对象倾诉，也能舒缓孤独感。不过，假如精神上过度痛苦，甚至对日常生活造成了影响，也可以前往医疗机构寻求帮助。

索引

病名

【英文】

【1~5 画】

【6~10 画】

【11~15 画】

【16~20 画】

【21~25 画】

索引

症状、其他

【1~5 画】

【6~10 画】

【11~15 画】

【16~25 画】

索引

主要参考书目及影片

《狗和猫的问题行动诊断・治疗指南》

[《犬と猫の問題行動 診断・治療ガイド》(インターズー)]

《预防和应对狗和猫的问题行动》

[《犬と猫の問題行動の予防と対応》(緑書房)]

《临床行动学》

[《臨床行動学》(インターズー)]

《最新版　爱犬疾病百科》

[《最新版 爱犬の病気百科》(誠文堂新光社)]

《狗和猫的营养学》

[《犬と猫の栄養学》(緑書房)]

《狗的动物行为学》

[《イヌの動物行動学》(東海大学出版部)]

《为狗建造狗窝》

[《犬のための家づくり》(エクスナレッジ)]

《狗的完善之书》

[《犬のしつけパーフェクト BOOK》(ナツメ社)]

油管频道“动物战队”

(YouTube 频道“アニマル戦隊”)